物联网智慧农业
系统集成和应用（初级）

组　编　中科智库物联网技术研究院江苏有限公司

主　编　薛　莹　蒋其友

副主编　吴刚山　李刘阳　雷　辉

参　编　田崇峰　胡晓进　薛小松　崔　明
　　　　李　娜　仲　瑶　潘　维

机械工业出版社

本书紧跟智慧农业发展趋势，参照 1+X《物联网智慧农业系统集成和应用职业技能等级标准》（初级部分），根据智慧农业行业相关企事业单位中智慧农业物联网系统集成、智慧农业系统管理与维护工程师、智慧农业数据采集、智慧终端设计与调试、智慧农业云平台建设与维护等岗位涉及的工作领域和工作任务而设计，主要包括 4 个项目：设计智慧农业系统、集成和应用智慧农业气象站系统、集成和应用智慧农业温室系统、集成和应用智慧农业灌溉系统。

本书可作为职业院校计算机类专业的教材，也可作为现代农业技术、作物生产技术、园艺技术等农业信息化培训的参考书。

本书配有电子课件，凡选用本书作为授课教材的教师可登录机械工业出版社教育服务网（www.cmpedu.com）注册后下载。

图书在版编目（CIP）数据

物联网智慧农业系统集成和应用：初级／薛莹，蒋
其友主编．--北京：机械工业出版社，2024.8.
（1+X 职业技能等级证书（物联网智慧农业系统集成和应
用）配套教材）．--ISBN 978-7-111-76403-8

Ⅰ.S126

中国国家版本馆 CIP 数据核字第 2024Z0X939 号

机械工业出版社（北京市百万庄大街 22 号　邮政编码 100037）
策划编辑：李绍坤　　　　　　　责任编辑：李绍坤　徐梦然
责任校对：张爱妮　张　薇　　　封面设计：鞠　杨
责任印制：郜　敏
北京富资园科技发展有限公司印刷
2024 年 11 月第 1 版第 1 次印刷
184mm×260mm・10 印张・226 千字
标准书号：ISBN 978-7-111-76403-8
定价：35.00 元

电话服务　　　　　　　　　　　网络服务
客服电话：010-88361066　　　　机　工　官　网：www.cmpbook.com
　　　　　010-88379833　　　　机　工　官　博：weibo.com/cmp1952
　　　　　010-68326294　　　　金　书　网：www.golden-book.com
封底无防伪标均为盗版　　　机工教育服务网：www.cmpedu.com

农业智慧化是传统农业向现代农业转型升级的重要途径。新兴的智慧农业是一个复杂的系统工程，是新一代信息技术、装备技术和种养工艺的深度融合产物。智慧农业急需大量的新兴产业复合型人才。为落实1+X证书制度，中科智库物联网技术研究院江苏有限公司与江苏农林职业技术学院合作，制定了1+X《物联网智慧农业系统集成和应用职业技能等级标准》(下面简称《标准》)，并编写了本书。

本书采用项目引领、任务驱动的方式编写，突出工程实践性，内容包括设计智慧农业系统、集成和应用智慧农业气象站系统、集成和应用智慧农业温室系统、集成和应用智慧农业灌溉系统4个项目。每个项目首先讲解项目背景，了解相关政策、行业现状和发展趋势，然后确立本项目的学习目标，包括知识目标、技能目标和素质目标。基于学习目标设计任务来达成，包括侧重理论的设计任务、侧重实践的安装调试任务、侧重系统集成的云平台任务，任务之后设有拓展的知识链接以拓展学生的视野、了解最新技术发展。每个项目最后分别给出考核技能点及评分方法，这些考核技能点来自《标准》。

本书由中科智库物联网技术研究院江苏有限公司组织编写，由薛莹和蒋其友任主编，吴刚山、李刘阳和雷辉任副主编，参与编写的还有田崇峰、胡晓进、薛小松、崔明、李娜、仲瑶和潘维。

由于编者水平有限，书中难免有不妥之处，恳请读者批评指正。

编　者

目 录

项目 ①
设计智慧农业系统

项目背景

　　智慧农业是将物联网技术运用到传统农业中，运用传感器和软件，通过移动平台或者计算机平台对农业生产进行控制。从广义上来讲，智慧农业还包括农业电子商务、食品溯源防伪、农业休闲旅游、农业信息服务等方面的内容。智慧农业作为农业生产的高级阶段，逐渐成为政府和各界普遍关注的焦点。

　　智慧农业充分利用信息技术（包括更透彻的感知技术、更广泛的互联互通技术和更深入的智能化技术）使得农业系统的运转更加有效。随着科技的发展，智慧农业的内涵和科技水平在不断丰富、提升。目前，数字技术与农业加速融合，物联网技术在农业生产和流通场景中得到广泛应用，国产传感器能够满足绝大多数场景下的数据需求；植保无人机与智能农用装备普及，在农业遥感测绘、病虫害防控、农情监测等方面开展应用；农业信息智能分析决策技术、云服务技术、农业知识智能推送、农机导航及自动作业、植物病虫害和畜禽疫病识别等智慧农业关键技术仍需攻关。

　　支撑智慧农业的正是智慧农业技术。智慧农业将智慧农业技术合理运用在农业产业经营、管理和服务中，将各类传感器广泛地应用于采集大田种植、设施园艺、畜禽水产养殖和农产品物流等农业相关信息；再通过建立数据传输和格式转换方法，实现农业信息的多尺度（视域、区域、地域）传输；最后融合、处理获取的海量农业信息，并通过智能化操作终端实现对农业产前、产中、产后过程的全方位监控，提供科学管理和即时服务，准确把握农业产业未来的发展趋势。

　　物联网的发展为我国农业智慧化建设提供了前所未有的机遇，也必将深刻影响现代农业的未来发展。

智慧农业，即在农业生态控制系统中运用物联网系统的温度传感器、湿度传感器、pH值传感器、光传感器、CO_2传感器等设备，检测环境中的温度、相对湿度、pH值、光照强度、土壤养分、CO_2浓度等物理量的参数，通过各种仪器仪表实时显示这些参数，并将这些参数作为自动控制的参变量使其参与到自动控制中，保证农作物有一个良好的、适宜的生长环境。技术人员在办公室就能监测并控制农作物的生长环境，也可以采用无线网络测量获得作物生长的最佳条件，为精准调控提供科学依据，实现增产、改善品质、调节生长周期、提高经济效益的目的。

通常情况下，应用在智慧农业系统的物联网架构包括物联网感知层、传输层和应用层3个层次，如图1-1所示。

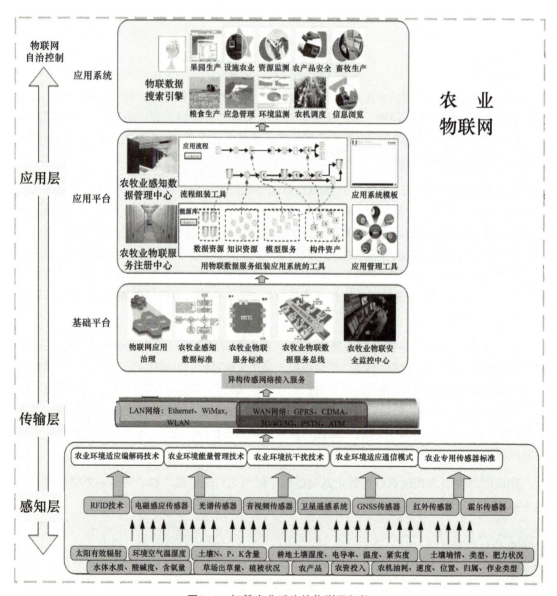

图1-1 智慧农业系统的物联网架构

学习目标

【知识目标】

- 熟悉各种智慧农业传感器；
- 熟悉智慧农业数据传输技术；
- 熟悉智慧农业各种典型应用。

【技能目标】

- 能够根据项目需求撰写需求分析报告；
- 能够根据农业场景选择合适的传感器；
- 能够根据农业场景选择合适的数据传输模块；
- 能够根据农业项目需求设计智慧农业方案；
- 熟练运用Visio画出系统框图。

【素质目标】

- 具有良好的文字表达与沟通能力；
- 具有质量意识、环保意识、安全意识；
- 具有信息素养、创新思维、工匠精神；
- 具有较强的集体意识和团队合作精神。

任务1 认知智慧农业感知层设备

在传统农业中，农民会根据自然环境的变化决定具体的生产活动，对浇水量、通风时间、播种时间等重要因素的控制，全凭多年积累或者祖祖辈辈相传的经验，如农谚、二十四节气等，但依然存在着很大的人为因素和实际操作误差，对作物或畜禽等的生长和发育均会造成影响。

传感器是一种能够将监测目标的特征信息，基于一定的物理或者化学规律转换为电信号的器件或者装置。智慧农业建设的首要环节是部署灵敏高效的农业传感器，从而感知农业生产过程中的各种数据。本任务的主要目标是掌握各种农业用传感器的应用。

任务分析

智慧农业系统集成和应用实验套件如图1-2所示，认知智慧农业感知层，首先熟悉传感器外形和尺寸，掌握农业传感器的功能用途，了解其基本工作原理，熟悉其供电方式、通信方式等技术参数。

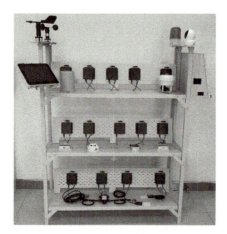

图1-2　智慧农业系统集成和应用实验套件

 任务实施 ◀

步骤一：认知一体式气象站传感器

（1）外形和尺寸

一体式气象站传感器尺寸图如图1-3所示，其实物图如图1-4所示。

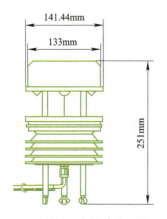

图1-3　一体式气象站传感器尺寸图

图1-4　一体式气象站传感器实物图

（2）功能用途

一体式气象站可广泛适用于环境检测，集风速、风向、温湿度、噪声采集、PM2.5和PM10、CO_2、大气压力、光照于一体，设备采用标准Modbus-RTU通信协议，RS485信号输出，通信距离最远可达2000m，可将数据通过485通信的方式上传至客户的监控软件或

PLC组态屏等，也支持二次开发。

（3）技术参数

1）工作电压：直流供电（默认）DC 12V。

2）最大功耗：RS485输出，0.8W。

3）测量精度：

- 风速：±（0.2m/s±0.02V）（V为真实风速），风向：±3°；

- 相对湿度：±3%RH（60%RH，25℃），温度：±0.5℃（25℃）；

- 大气压：±0.15kPa（75kPa，25℃），噪声：±3dB；

- PM10/PM2.5：±10%（25℃）；

- CO_2：±7%（40ppm[⊖]+3%FS[⊜]）（25℃），光照强度：±7%（25℃）。

4）量程：

- 风速：0～60m/s，风向：0°～359°；

- 湿度：0～99%RH，温度：-40～120℃；

- 大气压：0～120kPa，噪声：30～120dB；

- PM10/PM2.5：0～1000μg/m³；

- CO_2：0～5000ppm，光照强度：0～$2×10^5$Lux。

5）响应时间：

- 风速：1s，风向：1s；

- 湿度：≤1s，温度：≤1s；

- 大气压：≤1s，噪声：≤1s；

- PM10/PM2.5：≤90s；

- CO_2：≤90s，光照强度：≤0.1s。

6）通信协议：RS485（Modbus协议）。

步骤二：认知风向传感器

（1）外形和尺寸

风向传感器尺寸图如图1-5所示，其实物图如图1-6所示。

⊖ ppm常用于表示气体浓度，$1ppm=1×10^{-6}$。
⊜ FS（Full Scale）表示满量程。

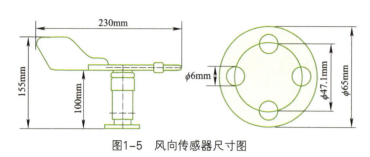

图1-5　风向传感器尺寸图　　　　图1-6　风向传感器实物图

（2）功能用途

该风向传感器外型小巧轻便，便于携带和组装，一体式的设计理念可以有效获得外部环境信息，壳体采用优质铝合金型材，外部进行电镀喷塑处理，具有良好的防腐、防侵蚀等特点，能够保证仪器长期使用无锈蚀现象，同时配合内部顺滑的轴承系统，确保了信息采集的精确性，被广泛应用于温室、环境保护、气象站、船舶、码头、养殖等环境的风向测量。

（3）技术参数

1）工作电压：DC 12V。

2）工作温度：-20～60℃，0～80%RH。

3）波特率：2400、4800（默认）、9600。

4）数据位长度：8位。

5）奇偶校验方式：无。

6）停止位长度：1位。

7）支持功能码：03。

8）测量范围：8个指示方向。

9）动态响应速度：≤0.5s。

10）通信协议：RS485（Modbus协议）。

步骤三：认知微型翻斗式雨量计传感器

（1）外形和尺寸

微型翻斗式雨量计传感器尺寸图如图1-7所示，其实物图如图1-8所示。

（2）功能用途

PR-YL-N01-3003型翻斗式雨量计传感器是一种水文、气象仪器，用于测量自然界降雨量，同时将降雨量脉冲信号转换为485（标准Modbus-RTU协议）通信方式输出，以满足信息传输、处理、显示等需要，直接读取数据，无需二次运算。本仪器由承雨器部件和计量部件等组成，承雨口采用ϕ110mm口径，为降水量测量一次仪表。本仪器的核心部件翻斗采用了三维流线型设计，使翻斗翻水更加流畅，且具有自涤灰尘、容易清洗的功能。其广泛应用于气象台（站）、水文站、农林、国防、野外测报站等有关部门。

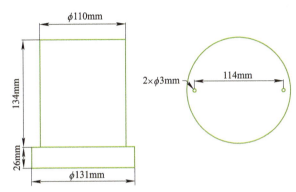

图1-7　微型翻斗式雨量计传感器尺寸图　　图1-8　微型翻斗式雨量计传感器实物图

（3）技术参数

1）工作电压：DC 12V。

2）工作温度：0～50℃。

3）工作湿度：<95%RH（40℃）。

4）精度：±2%。

5）测量范围：0～4mm/min。

6）通信协议：RS485（Modbus协议）。

步骤四：认知雨雪传感器

（1）外形和尺寸

雨雪传感器尺寸图如图1-9所示，其实物图如图1-10所示。

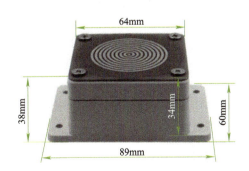

图1-9　雨雪传感器尺寸图

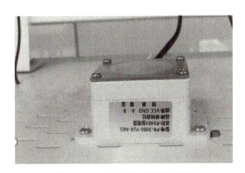

图1-10　雨雪传感器实物图

（2）功能用途

雨雪传感器主要是用来检测自然界中是否出现了降雨或者降雪的设备。该传感器采用交流阻抗测量方式，电极使用寿命长，不会出现氧化问题。该雨雪传感器可广泛应用于环境、温室、养殖、建筑、楼宇等的雨雪有无的定性测量，安全可靠、外观美观、安装方便。

（3）技术参数

1）工作电压：DC 12V。

2）工作功率：0.4W。

3）工作温度：<15℃。

4）支持功能码：03、06。

5）输出型号：485继电器。

6）默认Modbus地址：01。

7）通信协议：RS485（Modbus协议）。

步骤五：认知土壤pH传感器

（1）外形和尺寸

土壤pH传感器尺寸图如图1-11所示，其实物图如图1-12所示。

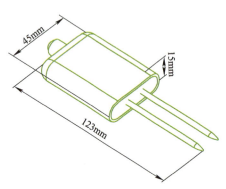

图1-11　土壤pH传感器尺寸图

图1-12　土壤pH传感器实物图

（2）功能用途

土壤pH传感器广泛适用于土壤酸碱度检测等需要pH值监测的场合。传感器内输入电源、感应探头、信号输出三部分完全隔离，安全可靠、外观美观、安装方便。

（3）技术参数

1）工作电压：DC 12V。

2）最大功耗：0.5W。

3）量程：3～9pH。

4）精度：±0.3pH。

5）工作温度：-20～60℃，响应时间：≤10s。

6）通信协议：RS485（Modbus协议）。

步骤六：认知光电感烟传感器

（1）外形和尺寸

光电感烟传感器尺寸图如图1-13所示，其实物图如图1-14所示。

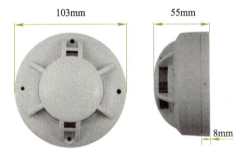

图1-13　光电感烟传感器尺寸图

图1-14　光电感烟传感器实物图

（2）功能用途

PR-3000-YG-N01是一款光电式的火灾烟雾探测报警器，是通过性能优良的光电探测器来检测火灾产生的烟雾从而进行火灾报警。相较于其他火灾烟雾检测的方式，光电式检测具有稳定度高、鉴定灵敏等特点。报警器内置指示灯与蜂鸣器，预警后可以发出强烈声响。同时报警器采用标准的485信号输出，支持标准的Modbus-RTU协议。

（3）技术参数

1）工作电压：DC 10～30V。

2）静态功耗：0.12W。

3）报警功耗：0.7W。

4）报警声响：≥80dB。

5）烟雾灵敏度：1.06±0.26%FT。

6）工作环境：-10～50℃，≤95%RH，无凝露。

7）通信协议：RS485（Modbus协议）。

步骤七：认知土壤氮磷钾传感器

（1）外形和尺寸

土壤氮磷钾传感器尺寸图如图1-15所示，其实物图如图1-16所示。

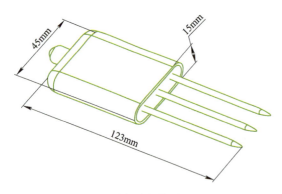

图1-15　土壤氮磷钾传感器尺寸图

图1-16　土壤氮磷钾传感器实物图

（2）功能用途

土壤氮磷钾传感器适用于检测土壤中氮磷钾的含量，通过检测土壤中氮磷钾的含量来判断土壤的肥沃程度，便于系统地评估土壤情况。

（3）技术参数

1）工作电压：DC 12V。

2）最大功耗：≤0.15W。

3）量程：1～1999mg/kg（mg/L）。

4）精度：±2%FS。

5）工作温度：0～55℃。

6）响应时间：≤1s。

7）通信协议：RS485（Modbus协议）。

步骤八：认知投入式液位传感器

（1）外形和尺寸

投入式液位传感器尺寸图如图1-17所示，其实物图如图1-18所示。

（2）功能用途

投入式液位传感器是一款高精度、高稳定性的智能化压力测量产品，广泛应用于工业过程控制、石油、农业灌溉、物联网等行业。

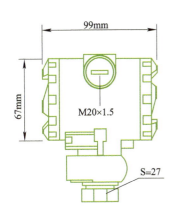
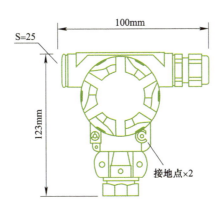
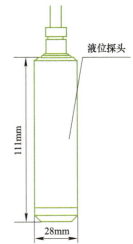

图1-17　投入式液位传感器尺寸图

（3）技术参数

1）工作电压：DC 12V。

2）工作温度：-20~80℃。

3）温度漂移：0.03%FS/℃。

4）介质温度：-10~50℃。

5）测量范围：0~300m。

图1-18　投入式液位传感器实物图

6）测量介质：对不锈钢无腐蚀的油、水等。

7）过载能力：<1.5倍量程。

8）通信协议：RS485（Modbus协议）。

知识补充

一、环境传感器

　　智慧环境信息感知是通过对动植物生长所需要的水、土壤、空气等环境要素进行感知，实现智慧农业生产全程环境信息可测可知，为智慧农业自动化控制、智能化决策提供可靠数据源。智慧农业环境感知端主要包括溶解氧、pH（酸碱度）、溶液电导率、叶绿素、土壤含水率、土壤电导率、太阳辐照度、光照强度、空气温度和湿度、风速风向、降雨量、二氧化碳、大气压力等传感器。下面简要介绍一下智慧农业用到的主要环境传感器技术及其原理。

1. 溶解氧传感器

溶解氧是指溶解于水中的空气中的分子态氧。溶解氧对于鱼类等水生生物的生存是至关重要的，许多鱼类在溶解氧低于3～4mg/L时难以生存。因此，使用溶解氧传感器实时在线监测无人渔场的溶解氧含量，对于无人渔场中溶解氧精准调控具有重要意义。目前溶解氧检测主要有电化学覆膜法和荧光淬灭法两种方式。

1）电化学覆膜法。Clark极谱法溶解氧传感器由Pt（Au）阴极、Ag/AgCl阳极、KCl电解液和高分子覆膜四部分组成。测量时，在阴极和阳极之间施加一个0.7V左右的恒定直流极化电压，溶液中的氧分子透过高分子膜，然后在阴极上发生还原反应。在温度恒定的条件下，电极扩散电流的大小只与样品氧分压（氧浓度）成正比。

2）荧光淬灭法是基于溶液中的氧分子对金属钌铬合物的淬灭效应原理，可根据电极覆膜表面荧光指示剂荧光强度或寿命变化来测定溶液中溶解氧的含量。由于金属钌铬合物与氧分子的淬灭过程属于动态淬灭（分子碰撞），本身不耗氧、化学成分稳定，尤其是选择荧光寿命（本征参量）作为复杂养殖水体溶解氧含量的测定依据，可极大提高溶解氧传感器的检测准确度与抗干扰能力，溶解氧传感器如图1-19所示。

2. pH传感器

pH描述的是溶液的酸碱性强弱程度，pH传感器如图1-20所示。

养殖水体pH值过高或过低，都会直接危害水生动植物，导致其生理功能紊乱，影响其生长或引起其他疾病的发生，甚至死亡。因此，在无人渔场生产环节使用pH传感器进行环境调控显得至关重要。常见的在线复合式pH电极，由内外（Ag/AgCl）参比电极、0.1mol/L HCl外参比液、1mol/L KCl内参比液与玻璃薄膜球泡组成。在进行pH测定时，玻璃薄膜两侧的相界面之间建立起一个相对稳定的电势差，称为膜电位，且介质中的H元素浓度与膜电位（相对于内Ag/AgCl参比电极）的数学关系满足Nernst响应方程。

图1-19　溶解氧传感器

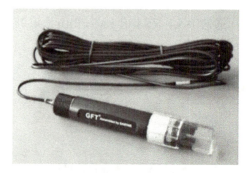

图1-20　pH传感器

3. 溶液电导率传感器

溶液电导率描述的是溶液导电的能力，溶液电导率传感器如图1-21所示，可以间接反映溶液盐度和总溶解性固体物质（TDS）含量等信息。盐度作为水产养殖环境的一个重要理化因子，与养殖动物的渗透压、生长和发育关系密切。因此，应用电导率传感器实时监测无人渔场的盐度信息，探索盐度对不同动物、不同发育阶段的影响机制，就可有目的地精准调控养殖动物的生长发育，更好地为无人渔场生产服务。为了克服传统两电极电导率传感器在线测量时电极易钝化、易漂移等缺点，通常采用新型四电极测量结构，即两个电流电极和两个感应电压电极，通过两个电流电极之间的电流与电导率呈线性关系。

4. 叶绿素传感器

叶绿素a是植物进行光合作用的主要色素，普遍存在于浮游植物（主要指藻类）和陆生绿色植物叶片中。在水体中，其含量反映了浮游植物的浓度，可以通过传感器对水中叶绿素a浓度的在线测量，来监视无人渔场是否出现了赤潮或者水质污染。科研上常测定陆生植物叶片叶绿素含量以表征智慧农业中的作物生长状况，生产上也往往依据叶色变化作为智慧农业看苗诊断和肥水管理的重要指标。叶绿素a荧光法检测原理是：使用430nm波长的光照射水中浮游植物（或者陆生植物叶片），浮游植物（或植物叶片）中的叶绿素a将产生波长约为677mm的荧光，测定这种荧光的强度，通过其与叶绿素a浓度的对应关系可以得出水中或者植物叶片中叶绿素a的含量，叶绿素传感器如图1-22所示。

图1-21　溶液电导率传感器　　　　　　图1-22　叶绿素传感器

5. 土壤电导率传感器

土壤电导率是反映土壤电化学性质和肥力特性的基础指标，影响到土壤养分转化、存在状态及有效性，是限制植物和微生物活性的阈值。在一定浓度范围内，土壤溶液含盐量与电导率呈正相关。因此，可以通过对智慧农业土壤电导率的直接测定，间接地反映土壤含盐量，从而对智慧农业精准施肥调控提供指导。电流—电压四端法在测量土壤电导率时，对土壤的扰动影响很小，既可以实现原位监测，也可以挂载在农业作业机械上随时随地使用，备受农业生产管理者的青睐。所谓电流—电压四端法，与溶液四电极电导率测量原理相同，均是通过检测两个电流电极之间的电流值来换算介质（土壤）电导率，土壤电导率传感器如图1-23所示。

6. 太阳辐照度传感器

太阳辐照度是指太阳辐射经过大气层的吸收、散射、反射等作用后到达地球表面上单位面积单位时间内的辐射能量。太阳辐射是植物进行光合作用的必要条件，对于维持植物生长温度，促进其健康生长极其重要。因此，智慧农业中对太阳辐照度的长期监测，对作物种植结构优化配置具有重大的参考意义。目前对太阳辐射量的测量可以分为光电效应和热电效应两种。

光电效应主要采用光电二极管或硅光电池等作为光探测器，灵敏度好，性价比高，响应速度快且光谱响应范围宽。光电二极管或硅光电池在太阳光照射下，其短路电流与太阳辐照度呈线性关系。热电效应则是将多个热电偶串接起来，测量温差电动势总和，并基于赛贝尔效应换算出太阳辐照度。太阳辐照度传感器如图1-24所示。

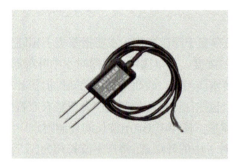

图1-23　土壤电导率传感器

图1-24　太阳辐照度传感器

7．光照强度传感器

光照强度是指单位面积上所接收可见光（400～760nm）的光通量。农作物从光照中获得光合作用的能量，同时光照也影响着作物体内特定酶的活性。因此，光照强度的监测对于智慧农业作物生产调控极其重要。光照强度传感器是基于光电效应原理而设计的。为了模拟人眼的光谱敏感性，通常选用光扩散较好的材料制成光照小球，并置于光电传感器受光面作为光照度传感器的余弦修正器，不仅成本低廉，校正效果也比较好，光照强度传感器如图1-25所示。

8．大气压力传感器

大气在地球重力场的作用下对地球表面施予的压力称为大气压力。单位面积上受到的大气压力称大气压强。大气压力的变化是其他气候条件形成的关键要素，影响着农作物的地域分布。大气压力的变化同时影响着水中溶解氧的溶解度，大气压力降低，溶解度就变小。因此，智慧农业中对大气压力的监测，对气象预报和灾害预警具有重要意义。数字气压计的工作原理是在压敏元件上搭建一个惠斯通电阻桥，外界的压力变化引起惠斯通电阻桥臂的失衡，从而产生一个电势差，这个电势差与外界的大气压力呈线性关系，大气压力传感器如图1-26所示。

图1-25　光照强度传感器

图1-26　大气压力传感器

二、植物生理信息传感器

农业动植物生理信息传感器是将农业中的动物和植物的生理信息转换为易于检测和处理的量的器件和设备，是智慧农业端—网—云中获取动植物生理信息的唯一途径。通过对植物生理信息的检测，可以更好地估计植物当前的水分、营养等生理状况，从而更好地指导灌溉、施肥等农业生产活动。通过对动物生理信息的检测，可以更好地掌握动物的生理状况，以便更好地指导动物养殖的生产和管理。植物生理信息感知传感器主要包括植物茎流、植物茎秆直径、植物叶片厚度、植物叶片叶绿素含量和植物归一化植被指数（NDVI）传感器等。动物生命信息感知传感器主要包括动物脉象、呼吸、体温、血压传感器等。

1. 植物茎流传感器

在植物蒸腾过程中，植物根系从土壤中吸收的水分通过作物茎秆送到叶面，并通过叶片气孔散发到大气中，茎秆中的液体一直处于流动状态。通常在植物茎秆的某一点处进行加热，根据加入茎流中的热量向上传输的速率以及与周边液流的热交换程度（热传输与热平衡理论），即可计算出茎秆的水流通量。植物茎流传感器可以长期连续观测智慧农业植物茎秆的液流，是进行植物栽培、植物水分关系和植物生物量估算等研究的重要工具。

植物茎流的热学测定方法主要有热扩散、热平衡和热脉冲法。热脉冲和热散法通过在植物活体内植入热源和温度探针的方法进行测量，尽管具有较高的测量精度，但是同时具有破坏性且不适合茎秆较细的植物的问题。为了弥补上述两种方法的不足，研究者对热平衡法进行了大量研究。热平衡法测定茎流的思想是：如果向茎秆的一部分提供一定数量的恒定热源，在茎秆内有一定数量茎流流过的条件下，此处茎秆的温度会趋向于定值。在理想情况下，即不存在热损失时，提供的热量应等于被茎流带走的热量。植物茎流传感器如图1-27所示。

图1-27　植物茎流传感器

2. 叶片厚度传感器

利用植物本体的水分状况作为智慧农业精量灌溉的依据，要比利用土壤水分状况更加可靠。通过直接监测植物生理指标确定植物体内水分含量的方法主要有叶片相对含水量、冠层温度、叶水势、气孔导度、茎秆直径与叶片厚度等。由于植物茎、叶、果实等器官体积的微变化与植物体内的含水量有直接关系，所以茎秆直径变化法与叶片厚度法具有简单、无损、适合长期连续监测的优点。植物茎秆直径变化法采用线性差动变压位移传感器（LVDT）。考虑到植物叶片厚度通常在300μm以下，且质地柔软，选择应力较小的线性差动电感式位移传感器（LVDI）进行叶片厚度测量较为合适。叶片厚度传感器如图1-28所示。

3. SPAD叶绿素计

植物缺乏氮、磷、钾、铁等营养元素时，其叶片的形态、植株的姿势等表型不同。叶色作为最简单的作物营养状况判断依据，其主要思想是：不同叶色，微观上表现为叶绿素含量、含氮量的不同，这些变化都会在叶片的光谱特性上有所反映。植物叶片叶绿素含量通常应用SPAD叶绿素计测定，如图1-29所示，通过测量叶片在两种波长的光谱透过率（650nm和940nm）来确定叶片当前叶绿素的相对数量（CRC）。检测植物营养状况的另一个重要参数是归一化植被指数（NDVI），通过660nm红光反射率和780nm近红外光反射率组合计算获得，它反映植被繁衍变化的信息。这两种指标可用于指导智慧农业小麦、玉米、水稻、棉花等作物的管理决策。

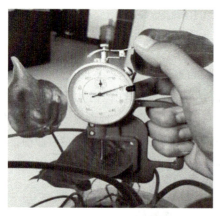

图1-28　叶片厚度传感器

图1-29　SPAD叶绿素计

三、动物生理信息感知传感器

　　动物的生理信号（心电、脑电、血压、呼吸、体温等）可反映其生命活动状态，无人畜禽场中养殖对象健康水平评估、疾病预防及诊治均需要监测动物的血压、体温、呼吸、脉搏等指标。动物生理信息感知传感器作为在不同养殖条件下获取动物生理数据的重要分析手段，其在监测过程中探测到的任何微小的机能变化或其对环境条件所起的刺激反应，都对无人畜禽场的健康管理具有极为重要的研究意义。

四、农机状态检测传感器

　　智能农业机械实现自动化控制是以安装在车身关键部位的传感器感知为依据，及时准确判断农业机械工作状况，发现潜在的问题并即时反馈调整，不仅能够延长农业机械的使用寿命，同时能够提高农机的工作精度、工作效率，降低工作能耗，节省资源的投入。根据传感元件和测量条件的不同要求，除广泛应用的应变式传感器外，在农机工作状态检测中应用较多的还有光电、电感、电涡流、电磁式传感器等。

五、机器视觉技术

　　机器视觉技术是指使用智能机器代替人类视觉进行物体和环境识别的技术。利用计算机来模拟人的视觉功能，通过视觉传感器获取外界信息，加以理解并通过逻辑运算，使信息在计算机中得以体现，最终用于实际检测、测量和控制。这是智慧农业"端"层中重要的信息获取手段。智慧农业通过机器视觉系统实现对农田的实时监控并将农作物生长状况、病虫害等情况及时反馈给云端，进而远程控制农业机器人对农作物进行喷药、灌溉、施肥等操作。智慧农业中农产品质量检测是利用机器视觉技术检测农产品有无质量问题，并从颜色、几何形状、缺陷程度等方面对其分级。

智慧农业中的作业机器人是一种集传感技术、监测技术、人工智能技术、通信技术、图像识别技术、精密及系统集成等多种前沿科学技术于一身，以农产品为操作对象，具有自主行走、定位、识别目标、协同合作，以及辨别颜色、纹理、气味特性的柔性自动化或半自动化设备。机器视觉技术在智慧农业中充当着"眼睛"的角色，对提高智慧农业生产的安全性和智慧农业的智能化管理具有不可取代的作用。

六、农业遥感技术

现代生产过程中，快速准确获取农作物的生长信息和环境信息成为制约智慧农业发展的关键问题。遥感技术由于具有大面积同步无损观测、时效性强、客观反映地物变化等优点，一直作为获取智慧农业空间信息的重要工具，已经在智慧农业农作物长势监测、农作物病虫害防治、农作物干旱和冻害遥感监测等系统开发方面得到了广泛应用。

遥感是一种利用除地面外的空间技术监测地球资源，获得更高的精度和准确度的工具。遥感技术的原理是利用电磁波谱（可见光、红外线和微波）来评估地物的特征。目标对这些波长区域的典型响应是不同的，因此它们可用于区分植被、土壤、水和其他类似特征，遥感技术的原理如图1-30所示。

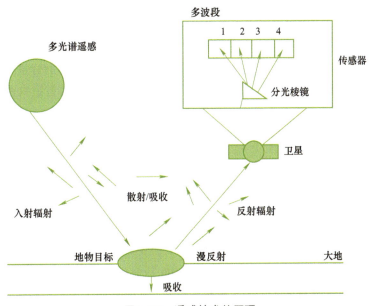

图1-30 遥感技术的原理

遥感技术主要包括信息源、信息获取、信息处理和信息应用四大部分。在农业遥感监测中，农作物、土壤常作为遥感技术要探测的信息源。通过遥感技术中的遥感平台和传感器获得农作物长势、病虫害以及土壤养分、水分的相关信息，然后利用光学仪器和计算机相关设备对所获得的信息进行处理分析，同时与各种农业专业模型进行耦合或同化，提取有效信息。农田管理者可以依据这些有效信息，了解不同生长阶段中农作物的长势，及时发现农作物生长中出现的问题，采取针对性措施及时解决。

1. 农作物长势遥感监测

农作物长势泛指农作物的生长发育状况及其变化态势。对农作物长势的动态监测不仅是农情遥感监测与估产的核心部分，同时也是农作物品质监测的基础。农作物生长早期的长势主要反映农作物的苗情好坏，生长发育中后期的长势则主要反映农作物植株发育形势及其在产量丰欠方面的指定性特征。农作物长势间接反映土壤墒情、肥力及植物营养状况，利于精量控制施肥和灌溉，保证农作物的正常生长。基于遥感的农作物长势监测是建立在绿色植物光谱理论基础上的。由于植被光谱反射率与植被类型、种类组成、植被覆盖度、叶绿素含量、含水量、土壤物理特征、大气状况等多种因素有关，不同植物类型影响特征不同，即使是同一种植物，在不同的生长发育阶段，其反射率波谱率也存在细微差别。因而，可根据绿色植物反射率变化规律监测作物长势、物候期，以及识别作物类型。

植被指数（VI）是对地表植物状况的简单、有效和经验的度量。植被指数的定义目前有40多种，不同定义来源于卫星可见光和近红外波段的不同计算组合。常见的植被指数有比值植被指数（RVI），主要用于监测大范围的森林虫害；差值植被指数（DVI），主要用于农作物成熟期冠层高光谱数据，进行估产研究；归一化差值植被指数（NDVI），具有可部分消除太阳高度角变化、卫星视角和大气影响等优点，常用于监测叶绿素含量、叶面积指数（LAI）、生物量与叶片氮素含量等作物长势关键参数。

2. 农作物病虫害监测

农作物病虫害是智慧农业生产上的重要生物灾害。为了有效地防治智慧农业病虫害，首先必须及时、准确掌握病虫害的发生、发展情况。应用遥感技术监测智慧农业中的植物病虫害，主要通过以下途径：

1）应用可见光和红外遥感手段（被动遥感技术）探测病虫害对植物生长造成的影响，跟踪其演变状况，分析估算灾情损失。

2）应用可见光和红外遥感手段监测病虫害孳生地，即虫源或寄主基地的分布及环境要素变化来推断病虫害爆发的可能性。

3）应用微波遥感手段（昆虫雷达）直接研究害虫及寄主的活动行为。

农作物生长过程中一旦遭遇病虫害，植物的叶片首先出现变化，可能有落叶、卷叶、残叶。微观生理上的表现为叶绿体组织等遭受破坏，养分和水分吸收、运输、转化等机能受到影响。这些变化必导致植物光谱反射特性的变化，通过分析高分辨率大比例遥感图像上的光谱变异情况，即可辨别出农作物受病虫害袭击的异化影像。由于作物种类、养分和水分状况、生育期、所处地理位置等因素的不同，绿色植物叶片光谱特征各波段反射值的具体数据会稍有差异，但这些光谱曲线的总轮廓特征基本保持一致。当植物感染病虫害时，随着病虫害危害的加重，一方面会引起植物叶片组织的水分代谢受阻，叶色黄化、褐化，甚至枯死，光合作用速率下降，叶片的各种色素含量随之减少；另一方面害虫可能吞噬叶片或引起叶片卷缩、脱落，生物量减少。两种结果在植物光谱特征曲线上表现为可见光区（400～700nm）反射率升高，而近红外区（720～1100nm）反射率降低。这就是遥感技术能够探测植物病虫害的理论依据。

目前，应用地面高光谱遥感与高光谱航空影像解译分析相结合的方法对农作物病虫害进行监测较为常见。其主要技术流程包括：地面光谱获取加农学采样→航空高光谱影像获取、预处理及光谱重建→分析生化量、农学参量和光谱特征→病虫害光谱诊断模型的建立、验证→高光谱影像病虫害反演→病虫害波谱数据知识库构建→建立病虫害诊断专家系统及发布消息。

3. 农作物干旱和冻害遥感监测

干旱和冻害是两种严重的自然灾害，其对农作物造成的损失巨大，随着全球气候的变迁，干旱和冻害发生的频率和强度愈演愈烈。传统的田间定点旱情、冻害监测法费时、费力、效率低、精度差，难以满足全球、区域尺度农业干旱、冻害监测的需求。近年来，随着各国遥感卫星的陆续发射升空，基于这些卫星影像的干旱和冻害研究迅速发展，极大地推动了农业干旱和冻害遥感监测的应用。

农业干旱遥感监测其实是对土壤水分的遥感监测，根据工作原理不同，可分为以光谱反射率为基础的状态监测方法和以农作物生长模型为核心的模拟方法两大类。第一类通过直接提取反射光谱的空间特征构建干旱指数，并结合农作物长势插述指标，推演出土壤的水分变化情况，衍生出的方法有基于土壤热惯量、基于蒸跨量、基于冠层温度和基于微波技术。第二类则以农作物生长模型为依据，基于农作物关键生长参数（如叶面积指数）准确反演，通过农作物模型同化的方法，间接反馈出土壤含水率，代表方法主要有基于农作物长势、基于农作物生长模型、基于综合冠层温度与农作物长势。前者模型原理清晰、构建简单，不足是因地表复杂性限制带来的普适性问题。后者尽管使得干旱监测与农作物生长特征摄水需求紧密结合，但是模型原理复杂且鲁棒性不强，限制了该方法的深入应用。

农作物在遭受冻害后，农作物的生理生态功能受阻，例如叶片细胞结构破损，叶绿素含量、叶片含水量、光合作用速率等发生变化，导致红边位移，植被指数也会发生变化。采用改进的单一NDVI指数，或者通过主成分分析，寻找描述冻害程度的最优植被指数组合进行农作物冻害监测与评价一直是前沿研究热点。

你还知道哪些新型农业传感器？

任务2　认知智慧农业信息传输层设备

 任务描述

　　智慧农业信息传输以网络为载体，高效、及时、稳定、安全地传递智慧农业"端"层获取的数据和智慧农业"云"层加工后的数据，在"云"层和"端"层之间起承上启下的作用。目前智慧农业信息传输主要包括有线传输和无线传输两种数据交换形式。

　　本任务主要目的是掌握本实验套件中几种通信模块的使用，同时了解其他典型网络技术在智慧农业中的应用。

任务分析

　　认知农业信息传输层，首先应熟悉路由器配置调试方法，其次掌握传感器节点网络调试方法，最后掌握网关与本地终端、云端连接调试方法。

任务实施

步骤一：认识无线路由器

　　本套设备采用的路由器外形尺寸如图1-31所示，其外观如图1-32所示，该路由器默认为AP模式，即插即用，提供AP（无线接入点）、Router（无线路由）、Client（无线客户端）、Repeater（无线中继）、Bridge（无线桥接）共5种工作模式。使用Micro USB电源接口供电，具备丰富实用的管理功能。

图1-31　路由器外形尺寸图

图1-32　路由器外观图

步骤二：无线路由器配置

1）浏览器登录。

无线路由器通电，操作计算机连接网络，在浏览器中输入192.168.1.1（可查看路由器背面的标注）输入用户名和密码为：admin，并进入管理界面，如图1-33和图1-34所示。

图1-33　路由器热点

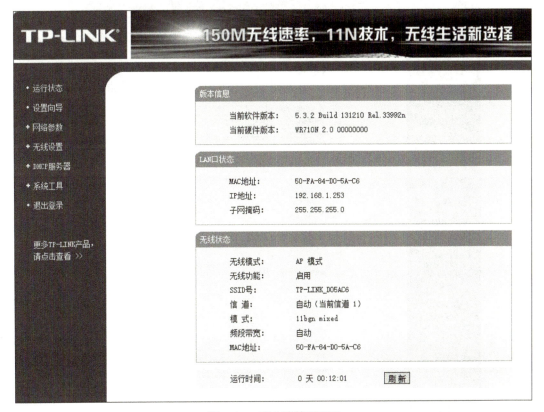

图1-34　路由器管理界面

2）执行无线设置→基本设置命令，在SSID号中设置无线网络名称，如图1-35所示。

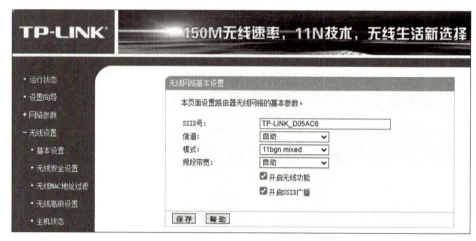

图1-35　路由器AP设置1

3）进入无线安全设置，在认证类型中选择WPA-PSK/WPA2-PSK，并在PSK密码中设置不少于8位的无线密码，如图1-36和图1-37所示。

图1-36　路由器AP设置2

图1-37　路由器AP设置3

4）单击DHCP服务器，选择"不启用"，如图1-38所示。

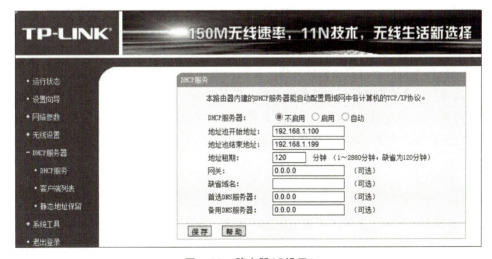

图1-38　路由器AP设置4

5）执行网络参数→LAN口设置命令，将IP地址修改为与主路由器的LAN口IP在同一网段但不冲突。例如，前端路由器的IP地址为192.168.1.1，那么无线路由器的IP地址修改为192.168.1.x（x取值在2～254之间），保存并重启路由器，如图1-39所示。

图1-39　路由器AP设置5

一、农业信息有线通信技术

农业信息传输按照传输介质分类可以分为有线通信和无线通信。有线通信是指通过双绞线、同轴电缆、光纤等有形媒质传输信息的技术，常用的农业信息有线通信技术有以太网和现场总线。无线通信是利用电磁波信号在空间中直接传播而进行信息交换的通信技术，进行通信的两端之间不需要有形的媒介连接，如RFID、NFC、IRdA、ZigBee、Wi-Fi、LoRa、Bluetooth、NB-IoT及3G、4G、5G等。通信技术主要是强调信息从信息源到目的地的传输过程所使用的技术，各通信技术之间的协同工作依据开放系统互联参考模型OSI。

1．现场总线（Fieldbus）

现场总线作为智慧农业数字通信网络的基础，建立了生产过程现场及控制设备之间、传感器之间及其与更高控制管理层次之间的联系。它不仅是一个基层网络，还是一种开放式、新型全分布控制系统。这项以智能传感控制、计算机、数字通信等技术为主要内容的综合技术，已经受到世界范围的关注，成为自动化技术发展的热点，并将导致自动化系统结构与设备的深刻变革。

2．控制器局域网（CAN）总线

CAN总线是一种用于车辆内部通信的通信系统。该总线允许许多微控制器和不同类型的设备在没有主机的情况下进行实时通信。与以太网不同，CAN总线不需要任何寻址方案，因为网络的节点使用唯一的标识符。这将向节点提供有关所发送消息的优先级和紧急性的信息。即使在发生冲突的情况下，这些总线也会继续传输，而普通以太网则会在检测到冲突时立即终止连接。它是个完全基于消息的协议，主要用于车辆。智慧农业中的智能农机需要使用更多的电子控制单元（ECU），对农机作业过程进行在线测量和有效控制，如发动机性能在线监测、在线智能测产、变速器控制、变量播种、变量施肥等。每个ECU都只是独立的"信息岛"，而CAN总线可将各个"信息岛"通过网络互联的方式连接起来，在"信息岛"之间传递命令和数据信息，实现整个农业机械系统的集中监视和分布控制。CAN总线实时性强、可靠性高、抗干扰能力强，目前在我国已经成功地应用于农业温室控制系统、储粮水分控制系统、畜舍监视系统、温度及压力等非电量测量与检测等农业控制系统。

3. RS485总线

RS485总线采用平衡发送和差分接收的半双工工作方式：发送端将UART口的TTL信号经过RS485芯片转换成差分信号A、B输出，经过线缆传输之后在接收端经过RS485芯片将A、B信号还原成TTL电平信号。RS485总线传输速率与传输距离成反比。使用该总线的数字通信网络能在远距离条件下以及电子噪声大的环境下有效传输信号。基于上述特点，智慧农业固定装备的分布不规则性对RS485的传输无影响，RS485总线可以用于智慧农业中的数据传输及控制指令传输。

4. SDI-12总线

SDI-12总线是美国水文和气象管理局所采用的数据记录仪（DataLogger）和基于微处理器的传感器之间的串行数据接口标准。SDI-12总线技术属于单线总线技术，即在一根数据线上进行双向半双工数据交换。SDI-12总线至少可以同时连接10个传感器，每个传感器线缆长度可以是200ft（60.96m）。SDI-12总线的通信速率规定为1200bit/s。SDI-12设计的目标是实现电池供电低耗电、低成本、多个传感器并行连接等。目前，国内基于SDI-12协议的产品主要集中在环境气象、水文、土壤监测传感器，以及具有SDI-12接口的数据采集器等。

5. 以太网（Ethernet）

以太网是应用最广泛的局域网通信方式，同时也是一种协议。以太网接口就是网络数据连接的端口。以太网使用总线型拓扑和CSMA/CD（即载波多重访问/碰撞侦测）的总线技术。智慧农业可充分利用现成的以太网网络实现远距离的数据采集、传输和集中控制。例如，网络型环境监测传感器，带有RJ45网线接口，集成网关通信功能，支持TCPModbus或主动上报监测数据至服务器的功能；网络摄像头，除了具备一般传统摄像机所有的图像捕捉功能外，还内置了数字化压缩控制器和基于Web的操作系统，使得视频数据经压缩加密后，通过以太网送至终端用户，而终端用户可在计算机、手机上根据网络摄像机的IP地址，使用标准的网络浏览器对网络摄像机进行访问，实时监控目标现场的情况，并可对图像资料实时编辑和存储，同时还可以控制摄像机的云台和镜头，进行全方位的监控；固定式的网络型农业生产设备，即通过局域网组网的方式，对其进行集中统一生产管理，达到协同互联的目的。此外，以太网还广泛应用于智慧农业技术集成中管理与控制终端、以太网交换机/路由器、Web应用服务器、数据库服务器、光载无线交换机、GPRS/3G网关等设备之间的接口互联。

二、农业信息无线通信技术

无线通信是指利用电磁波信号在自由空间中传播的特性进行信息交换的一种通信方式。无线通信技术有诸多优点：使用无线通信技术的设备之间无须铺设线缆，通信不受农业环境限制，抗干扰能力强，网络维护成本低，且易于扩展。无线通信技术沟通了农业各要素之间的联系，使得智慧农业中的各种固定农业机械、移动机器人、传感器、机器视觉以及遥感监测平台之间的信息交互变得更加简单、高效和智能。

常见的无线通信传输技术按照传输距离的不同分为三种：近距离无线通信技术、短距离无线通信技术和远距离无线通信技术。

1. 近距离无线通信技术

（1）射频识别（RFID）

RFID利用电磁波自动识别和跟踪附着在物体上的标签。RFID标签由一个微型无线电转发器、一个无线电接收器和一个发射器组成。当由来自附近RFID读取器设备的电磁询问脉冲触发时，标签将数字数据（通常是识别库存编号）发送回读取器。RFID标签有无源标签和主动标签两种类型。无源标签是由来自RFID阅读器的询问无线电波的能量驱动的。主动标签由电池供电，因此可以在距离RFID阅读器更大的范围内读取，可达数百米。与条形码不同，标签不需要在读卡器的视线范围内，因此它可能嵌入到被跟踪的对象中。RFID是一种自动识别和数据捕获（AIDC）技术，具有读取距离远、识别速度快、数据存储量大及多目标识别等优点，在农畜产品安全生产监控、动物识别与跟踪、农畜精细生产系统、畜产品精细养殖数字化系统、农产品物流与包装等方面已广泛应用。

（2）近场通信（NFC）

NFC是射频识别（RFID）技术的一个子集。随着电子消费的不断发展，它越来越受到人们的欢迎。这种无线通信技术提供的是低带宽和高频率，允许在厘米范围内传输数据。NFC工作频率是13.56MHz，可以提供高达424kbit/s的传输速率。NFC标签基于ISO14443A、MIFARE和FeliCa标准进行通信和数据交换，不需要进一步配置即可启动会话来共享数据，具有很好的舒适度和易用性。NFC标签的阅读也非常简单，只需将其贴近NFC阅读器即可完成阅读，不需要提前建立连接，NFC这一特性源于感应耦合的架构使用。此外，NFC兼容蓝牙和Wi-Fi。基于NFC的技术特点及优势，NFC在智慧农业领域中的应用不断被发掘，如农产品入库、流转、运输等流通场景。RFID标签与NFC阅读器的组合，能够很好地应对物流的需求，保证仓库管理各个环节数据输入的速度和准确性。

（3）IrDA

IrDA是红外数据协会的缩写，该协会制定了近距离红外通信标准。IrDA红外通信是一种价格低、安全且广泛采用的视距无线传输技术，允许设备之间轻松地点对点定向"通话"。IrDA要求通信设备之间无遮挡且短射程，限制了其在农业生产中的应用，一般仅限于近距离人机遥控操作。

2. 短距离无线通信技术

（1）ZigBee通信

ZigBee通信是在IEEE 802.15.4无线个人局域网（WPANs）标准上专门为控制和传感器网络而构建的，是ZigBee联盟的产品。该通信标准定义了物理层和媒体访问控制层（MAC），用于距离短、功耗低且传输速率不高的各种电子设备之间进行双向数据传输。ZigBee无线个人局域网可以工作在868MHz（欧洲标准）、902～928MHz（北美标准）和2.4GHz（全球标准）频段。其中250kbit/s的数据传输速率最适合传感器和控制器之间的周期性数据、间歇性数据和低反应时间数据传输的应用。ZigBee支持主对主或主对从通信的不同网络配置。此外，它还可以在不同的模式下运行，从而节省电池电量。ZigBee网络可以通过路由器进行扩展，并允许多个节点相互连接，以构建更广泛的区域网络。

ZigBee网络系统由不同类型的设备组成，如ZigBee协调器（ZC）、路由器（ZR）和终端设备（ZED）。每个ZigBee网络必须至少由一个充当超级管理员和网桥的协调器组成。ZigBee协调器负责在执行数据接收和发送操作时处理和存储信息。ZigBee路由器充当中间设备，允许数据通过它们来回传递到其他设备。路由器、协调器和终端设备的数量取决于网络的类型，如星形、树形和网状网络。

目前ZigBee技术已普遍应用于农业生产中。可以选用ZigBee模组和传感器组成低功耗、低成本的无线采集节点，通过无线组网的方式与网关互联，网关再将传感器的数据通过有线或者远距离无线传输的方式上传到服务器，服务器根据获取到的传感器数据进行数据库管理和决策支持。

（2）蓝牙（Bluetooth）

蓝牙是一种基于IEEE 802.15.1无线技术标准的短程通信技术，旨在取代连接便携式设备的电缆，保持高度的安全性。蓝牙技术是在Ad-Hoc技术的基础上开发的，也称为Ad-HocPico网，是一种覆盖范围非常有限的局域网。蓝牙技术的低功耗和高达数十米（10～100m）的传输范围为多种使用模式铺平了道路。蓝牙技术在2.4～2.485GHz ISM频段下工作，使用调频扩频，全双工信号（标称跳频为1600hop/s）。蓝牙1.2版支持1Mbit/s数据传输速率，蓝牙2.0版引入了EDR标准，支持3Mbit/s数据传输速率。蓝牙芯片价格昂贵，且信号容易被干扰，因此在农业中的应用较少。当需要在农业现场建立近距离的人机无线交互时，可利用智能手机或者平板计算机中的蓝牙功能及App进行控制。

（3）Wi-Fi

Wi-Fi是一种WLAN（无线局域网）技术。它在移动数据设备（如笔记本计算机、平板计算机或电话）和附近的Wi-Fi接入点（连接到有线网络的特殊硬件）之间提供短程无线高速数据连接。最新Wi-Fiac标准允许每个通道的速率高达500Mbit/s，总速率超过1Gbit/s。

Wi-Fi 802.11ac仅在5GHz频段运行。Wi-Fi比任何通过GPRS、EDGE甚至UMTS和HSDPA等蜂窝网络运行的数据技术都要快得多。

Wi-Fi接入点覆盖的范围为室内30～100m，室外单个接入点可覆盖约650m。Wi-Fi技术在农业中的应用比较广泛。在植物工厂中，基于Wi-Fi+ZigBee智能控制系统，可将植物生长阶段的各项指标进行调节，将传感器采集的信息进行数字化，并实时传送到网络平台，通过服务器及相关软件处理及信息汇集，精确地控制如浇灌、增氧及补光等相关设备。

（4）远距离无线电（LoRa）

LoRa是LPWAN通信技术中的一种，是美国Semtech公司于2013年发布的一种基于扩频技术的超远距离无线传输方案，主要工作在全球各地的ISM免费频段（即非授权频段），包括主要的433MHz、470MHz、868MHz、915MHz等。其最大的特点是传输距离远（1～15km）、功耗低（接收电流10mA，休眠电流<200nA），组网节点多，节点/终端成本低。LoRa应用前向纠错编码技术，在传输信息中加入冗余，有效抵抗多径衰落，提高了传输可靠性。

就LoRa网络的实际体系结构而言，终端节点通常处于星型拓扑结构中，网关如同一个透明的网桥，负责在终端节点和后端中央网络服务器之间中继消息。网关到终端节点的通信通常是双向的，也可以支持多播操作，这对于诸如软件升级或其他大规模分发消息等功能很有用。此外，LoRa采用了唯一的EUI64网络层密钥、唯一的EUI64应用层密钥以及设备特定密钥（EUI128）三层加密方法，确保LoRa网络保持足够的安全性。基于LoRa的上述优势，使得LoRa（终端+网关）集成方案成为智慧农业大规模推广应用的一种理想的技术选择。支持LoRa的设备可处理智慧农业中发生的众多情况，从跟踪漫游在巨大牧场中的牛群到监控土壤湿度，LoRa技术简化并改善了每种智慧农业应用的日常运行。

3. 远距离无线通信技术

全球移动通信系统（GSM）是移动电话用户广泛使用的数字移动网络。GSM使用时分多址（TDMA）与频分多址（FDMA）两种多址技术，它将频带分成多个信道。通过GSM，语音被转换成数字数据，数字数据被赋予一个信道和一个时隙。在另一端，接收器只监听指定的时隙，并将呼叫拼凑在一起。很明显，这种情况发生的时间可以忽略不计，而接收者并没有注意到发生的"中断"或时间分割。GSM是三种数字无线电话技术（TDMA、GSM和CDMA）中应用最广泛的技术。与第一代移动通信系统相比，GSM突出的特征是保密性好、抗干扰能力强、频谱效率高和容量大。

农业远程信息监控工作中，野外环境监测站与监测中心远程服务器之间的数据交换以GPRS网络为桥梁。现场监测站周期性采集各个传感器所测量的农业环境信息，同时进行数据帧打包，并控制GPRS模块将包含环境信息的数据帧发送到GSM基站。数据帧经SGSN封装处理后，将被上传到GPRS网络上。接着，GGSM从GPRS网络获取对应的封装数据且对数据进行进一步处理后，即可借助Internet网络将数据传输到远程服务器端。

第三代移动通信技术，即3G网络技术，通常包括高数据速率，始终处于数据访问状态和更大的语音容量。高数据速率可能是最突出的功能，当然也是最热门的功能。3G支持实时、流媒体视频等高级功能。目前有三种不同的3G技术标准，即美国CDMA2000、欧洲WCDMA、中国TD-SCDMA。TD-SCDMA是时分同步码分多址技术的简称，是以我国知识产权为主，被国际上广泛接受和认可的无线通信国际标准。

TD-SCDMA集CDMA、TDMA、FD-MA技术优势于一体，频谱利用率高，抗干扰能力强。它采用了时分双工、联合检测、智能天线、上行同步、软件无线电、动态信道分配、功率分配、接力切换、高速下行分组接入等关键技术。

基于3G的第三代农业移动互联技术不仅能够提供所有2G的信息化业务，同时在农业视频远程诊断、农业环境远程监控、农业短信息服务、农业参考咨询服务、农业移动流媒体服务、农业远程教育服务等方面能够保证更快的速度，以及更全面的业务内容。

4G是第四代无线技术的缩写，是一种可用于手机、无线计算机和其他移动设备的技术。这项技术为用户提供了比第三代（3G）网络更快的互联网接入速度，同时也为用户提供了新的选择，如通过移动设备接入高清（HD）视频、高质量语音和高数据速率无线信道的能力。4G技术的无线宽带上网、视频通话等功能非常适合在田间或养殖场开展实时、交互式的农业信息技术服务，如大田病虫害辅助诊断、养殖场畜禽疾病辅助诊断等。带有4G模组的嵌入式终端，如摄像头、智能手机、平板计算机等，可以高速无线上网，且体积小，易携带，续航能力强，从而解决了农业信息化设备野外部署环境制约问题。

NB-IoT是一种适用于M2M、物联网（IoT）设备和应用的窄带无线电技术，属于低功耗广域网（LPWAN）的范畴，需要以相对较低的成本在更大范围内进行无线传输，并且电池寿命长、功耗小。NB-IoT使用LTELTE授权频段，使设备能够双向通信。NB-IoT的优点是利用移动运营商已经建成的网络，从而确保建筑物内外的充分覆盖。NB-IoT一个扇区能够支持10万个连接，支持低延时敏感度、超低的设备成本、低设备功耗和优化的网络架构。NB-IoT终端模块的待机时间可长达10年。在同样的频段下，NB-IoT比现有的网络增益20dB，相当于提升了100倍覆盖区域的能力。

随着NB-IoT技术的发展，智慧农业也开始采用NB-IoT技术。由于其具有超低功耗、超强覆盖、超低成本、配置简单等优势，及时地解决了当前智慧农业的难点和痛点，为智慧农业提供了技术保证，同时促进了智慧农业的快速发展。当前，NB-IoT技术在农业中的应用还处于探索阶段，主要聚焦在农田环境监测与牲畜生理监测领域。

5G是基于近些年移动数据流量暴涨、移动通信频谱稀缺、网络容量不足等挑战发展起来的第五代蜂窝移动通信系统。5G的性能目标是高数据速率、减少延迟、节省能源、降低成本、提高系统容量和大规模设备连接。5G网络技术的主要优势在于，Gbit/s的峰值速率能够满足高清视频、虚拟现实等大数据量传输。另一个优点是空中接口时延低于1ms，满足自动驾驶、远程医疗等实时应用。此外，5G支持多用户、多点、多天线、多摄取的协同组网以及跨网自适配。

智慧农业需要网络支持海量的设备连接和大量小数据包频发。由于智慧农业设备常部署在山区、森林、水域等4G信号难以到达的地方，因此亟须基于5G技术实现对智慧农业升级。例如，在智慧蜂业应用中，由于养蜂基地常处于偏远山区，无法通过4G网络对蜂群的生理特征进行实时监视，因此非常适合应用5G技术进行数据传输。在深海养殖中，采用5G技术进行高通量的高清视频传输和监控，能够很好地解决光缆铺设成本高、难度大的问题。在数字果园应用中，借助5G技术攻克无人农机的反应延迟等关键技术难题，支持无人农机实时多媒体数据的采集和传输，实现无人农机的精准移动巡检、果园产量精准预测。可以想象，5G技术将给农业带来颠覆性的变化，智慧农业将布满传感器，大量机器视觉、人工智能等新技术与智能设备将一起融入农业，物联网云端将处理更加复杂的海量业务，种植技术智能化、农业管理智能化、种植过程公开化、劳动管理智能化等方面将取得突破性进展。

思考练习

1．简述NB-IoT、LoRa、ZigBee、4G各自的特点。

2．简述网关和本地终端的无线连接所使用的连接方式。

3．简述传感器配网有哪几种方式。

4．请根据所学内容，尝试配置网关至指定模式。

任务3 设计智慧农业方案

任务描述

基于现代农业大棚应用场景设计一个典型智慧农业系统，系统通过传感器实时采集室内温度和土壤温度、湿度、二氧化碳浓度、光照等环境参数，经由无线信号收发模块传输数据，根据用户需求实现对大棚的远程智能控制。该系统还可推广到园林园艺、畜牧养殖等相关农业领域，实现对环境进行自动控制、智能管理，为农业综合生态信息自动监测提供科学依据。

本任务主要学习如何分析典型智慧农业项目需求，学会编写项目需求分析报告和总体设计方案。

任务分析

设计一个智慧农业方案，首先需要进行需求分析，需求是多层次的，包括功能需求、用户需求和系统需求，这三个不同层次的需求从目标到具体，从整体到局部，从概念到细节，具体设计部分包括硬件设计、软件设计两个部分，最后要编制需求分析报告和系统设计方案书。

另外，在编写响应文档过程中，需要绘制功能框图、思维图、流程图等，一般采用Office Visio软件进行绘制。

1．典型智慧农业项目需求分析

典型智慧农业系统结构如图1-40所示，设计的系统所实现的功能如下：

1）实时监测功能。通过底层采集节点实时采集温室里的环境参数，将数据通过无线网络传输给服务器，以直观的图表方式显示并提供报警信息，同时安装视频监控系统对农业环境和农作物生长进行观察。

2）多种控制方式。系统将采集到的数据进行分析，当数据超出预先设定的值时进行自动调节和控制，或采取手动的方式对电磁阀和风扇进行控制。

3）数据查询与警告功能。系统可以实时查询温室内的各项环境参数、历史数据，分析农作物生长环境变化趋势，做出正确的农业生产决策。警告功能可预先设定适合农作物生长条件传感器数据的上限值和下限值，当某个数据超出范围值时，系统会提示警告信息及远程短信通知。

4）远程查询与控制功能。系统可以通过手机连接到灌溉控制器，用手机方便地查看温室的各项环境数据，以及能够方便地远程控制各个中断控制节点的工作。

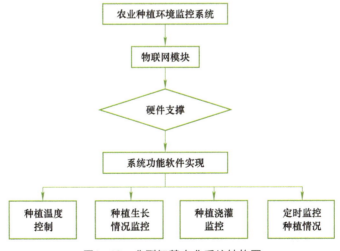

图1-40　典型智慧农业系统结构图

智慧农业系统分为三个层次，分别为信息感知层、信息传输层和应用层，如图1-41所示。信息感知层的硬件设施主要为各种传感器设备、信息网络节点等，主要负责对大棚内作物信息的采集；信息传输层为信息采集卡、无线MESH网络，负责采集到对信息的传输；应用层为控制器和执行器，只要负责对数据的云端呈现以及结果的反馈等。

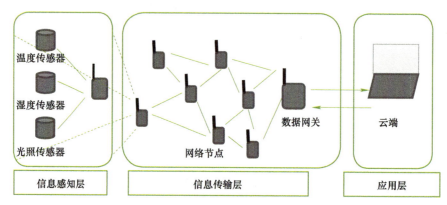

图1-41 智慧农业系统三层结构设计

由于农业环境的特殊性以及系统的经济性，设备的连接主要采用有线传输和无线传输相结合的方式。传感器采集到的数据通过有线连接的方式传到网络节点，网络节点通过无线MESH网络传输到控制器，控制器由网络与云平台连接；在数据处理分析之后，结果通过有线的方式由网络节点传到执行器，进行相应的工作。

根据三层结构，可以绘制网络拓扑结构，如图1-42所示。

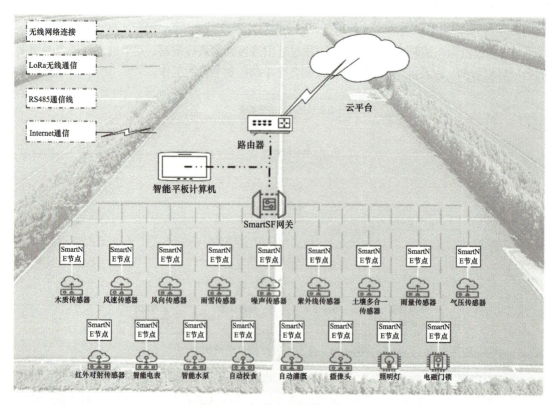

图1-42 智慧农业网络拓扑图

2. 智慧农业系统硬件设计

系统硬件部分的主要作用是通过传感器采集农田信息和通过数据采集节点将数据发送到云端服务器。在本系统中,所需要采集的数据包括农业种植环境的温度、光照、CO_2浓度、土壤湿度以及空气湿度。因此,本系统的硬件连线图如图1-43所示。主要包括测量温度、光照、CO_2浓度、土壤湿度以及空气湿度所对应的传感器、网络节点、无线MESH模块、网关等。

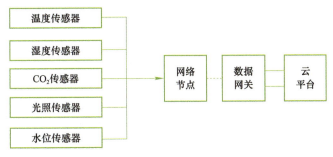

图1-43 系统硬件连线图

3. 智慧农业系统软件设计

智慧农业系统软件部分主要包括信息采集、数据传输、数据处理三部分。信息采集部分可以将传感器采集的信息发送到信息采集节点;数据传输部分负责将信息打包传输到控制器和服务器,然后由控制器和服务器进行数据处理。数据处理之后还涉及数据下行传输,对执行器发命令。系统软件架构如图1-44所示。

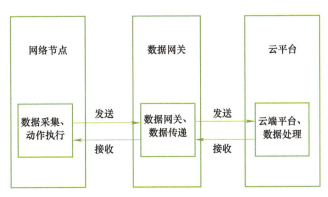

图1-44 系统软件架构图

4. 项目需求分析报告编写

需求分析是指理解用户需求,就系统功能与客户达成一致,估计系统风险和评估项目代价,最终形成开发计划的一个复杂过程。

需求分析阶段的工作,可以分为四个方面:问题识别、分析与综合、制订规格说明、评审。

智慧农业工程需求说明书的编制应遵循以下要求:

1)正确描述需要做的工作。

2）项目说明必须包括项目外部约束条件。

3）规格说明必须容许不完备性并允许扩充。

4）说明书必须明确用户具体需求，并给出用户需求报告。

5）用户需求报告以业务流程为主线，以需求分析任务为中心，功能、性能、接口、设计约束为基本点。

6）规格说明书以用户需求报告为基本，按照规定的格式编制需求说明书。

5. 智慧农业项目总体设计方案编写

总体方案设计主要是指在系统分析的基础上，指根据可行性论证和用户需求对整个系统的划分（子系统）、机器设备（包括软、硬设备）的配置、数据的存贮规模以及整个系统实现规划等方面进行合理的安排，从而实现对系统进行整体设计，为系统确定整体框架结构。

总体方案设计书基本编制要求如下：

1）先进性、实用性要求。

2）标准化要求。

3）可靠性要求。

4）可维护性要求。

5）可扩展性要求。

6）成熟性原则。

7）系统安全性原则。

8）系统易用性和友好性原则。

9）兼容性原则。

一、Visio画图软件使用

Office Visio是Office软件系列中负责绘制流程图和示意图的软件，是一款便于用户就复杂信息、系统和流程进行可视化处理、分析和交流的软件。使用具有专业外观的Office Visio图表，可以促进对系统和流程的了解，深入了解复杂信息并利用这些知识做出更好的业务决策。创建模板和绘制窗口如图1-45和图1-46所示。流程图绘制根据实际情况一般分为三种基本结构：顺序结构、选择结构和循环结构，如图1-47所示，所用到的流程图标准符号见表1-1。

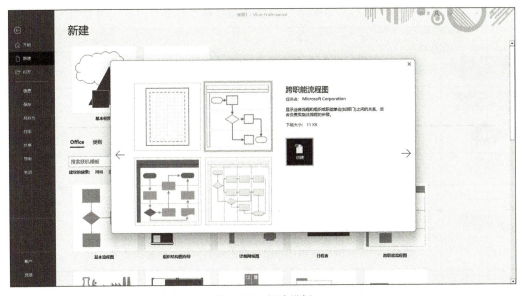

图1-45　创建模板

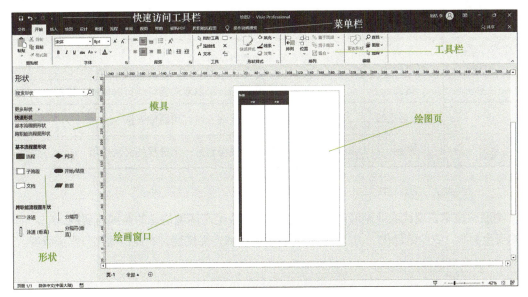

图1-46　绘制窗口

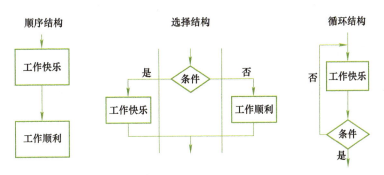

图1-47　三种基本结构

表1-1 流程图标准符号

符 号	名 称	含 义
	端点、终点	标准流程的开始与结束，每一个流程只有一个起点
	进程	要执行的处理
	判断	决策或判断
	文档	以文件的方式输入/输出
→	流向	表示执行的方向与顺序
	数据	表示数据的输入/输出
	联系	同一流程图中从一个进程到另一个进程的交叉引用
	系统内处理框	标准流程的事项在某一个系统内操作时所用的图形
	多联式单据或报表	某一个操作生成多张单据或报表时使用
	系统数据标示	直接从系统出来的数据标示
←→	流向	表示执行的方向与顺序，可以双向循环执行时用的连接符
	曲线连接线	两个操作不在一条水平线上时，用曲线连接
	联系	同一流程图中从一个进程到另一个进程的交叉引用

二、智慧农业应用范围

物联网技术在现代农业领域的应用很多，如农业生产环境信息的监测与调控，农产品质量的安全溯源，农业信息化，动、植物的远程诊断，农产品储运，农业自动化节水灌溉等。

1. 农业生产环境信息监测与调控

农业大棚、养殖池及养殖场内设置了温度、湿度、pH值、CO_2浓度等无线传感器及其他智能控制系统，这些系统利用无线传感器网络实时监测温度、湿度等变化来获得农作物、动物生长的最佳条件，为大棚、养殖场精确调控参数提供科学依据。同时，这些参数通过移动通信网络或互联网被传输至监控中心，形成数据图，农业人员可随时通过手机或计算机获得生产环境的各项参数，并根据参数变化，适时调控灌溉系统、保温系统等基础设施，从而获得动植物生长的最佳条件；参数实时在线显示，真正实现"在家也能种田和养殖"的目标。

2. 农产品质量安全溯源

农产品质量安全事关人民健康和生命安全，事关经济发展和社会稳定，农产品的质量安全和溯源已成为农产品生产中一个广受关注的热点。农业生产应用互联网技术可加强对农产品整个生产流程的监管，将食品安全隐患降至最低，为农产品安全保驾护航。

目前，国内已出现"食品安全溯源系统"，该系统集成应用电子标签、条码技术传感器网络、移动通信网络和计算机网络等技术，实现农产品质量跟踪和溯源，它主要由企业管理信息系统、农产品质量安全溯源平台和超市终端查询系统等功能块组成。消费者可通过电子触摸查询屏和带条码识别系统的手机查询农产品生产者或与质量安全相关的信息，也可上网查询了解更详细的农产品质量安全信息，从而实现农产品从生产、加工、运输、储存到销售等整个供应链的全过程质量追溯，最终形成"生产有记录、流向可追踪、信息可查询、质量可追溯"的农产品质量监督管理体系。

3. 农业信息化

农业生产智能管理系统在各个农作物领域应用传感器，如土壤水肥含量传感器、动物养殖芯片、农产品质量追溯标签、农村社区动态监控等，自动采集数据，为生产者的科学预测和管理提供依据。

4. 动、植物远程诊断

农村偏远山区普遍存在种养殖分散、作物病虫害及畜禽病害发生频繁、基层植保及畜牧专家队伍少、现场诊治不方便等问题，而物联网技术的出现可解决上述难题。目前已有针对农业种植、养殖生产过程监控和灾害防治专项应用的无线视频监控产品——农业远程诊断系统，该系统由前端设备、2G/3G/4G无线通信传输网络、专家诊断平台和农业专家团队构成。前端设备支持多种传感器接口，同时支持音频、视频流功能，可以有效地为农业专家提供第一手的现场专业数据。此外，农业专家还可通过PC终端登录该系统，实现远程控制灌溉等操作，这为农村、农业领域缺乏专家的现状提供了解决思路。该系统已在山东寿光农业基地得到良好应用。

5. 农产品储运

在农产品的储运过程中，储运环境（温度、湿度等）与农产品的品质变化密切相关。研究表明，我国水果、蔬菜等农副产品在采摘、运输、储存等物流环上的损失率为25%~30%，而发达国家的水果、蔬菜损失率则在5%以下。如果能及时监测储运过程中的环境条件，农产品品质就能得到保证，经济损失也会减少。

物联网技术可应用于各个分散的传感器，以实时监测环境中的温度、湿度等参数，并动态监测仓库或保鲜库的环境。在农产品运输阶段，可根据位置信息查询和通过视频监控运输车辆等方式及时了解车厢内外的情况，调整车厢内的温湿度，同时还可以对车辆进行防盗处理，一旦车辆出现异常则可自动报警。

6. 农业自动化节水灌溉

利用传感器感应土壤的水分并控制灌溉系统以实现自动节水节能，具有高效、低能耗、低投入、多功能的农业节水灌溉平台。

农业灌溉是我国用水较多的领域，其用水量约占全国总用水量的70%。据统计，我国粮食每年因干旱平均受灾面积达两千万公顷（1公顷=10000平方米），损失的粮食占全国因灾减产粮食的50%。长期以来，由于技术、管理水平落后，灌溉用水的浪费十分严重，农业灌溉用水的利用率仅为40%。如果农业生产应用先进技术，可通过监测土壤墒情信息实时控制灌溉时机和水量，用水效率便可以有效提高。但人工定时测量墒情，不但人力耗费巨大，也做不到实时监控。采用有线测控系统，则需要较高的布线成本，不便于扩展，而且给农田耕作带来不便。因此，一种基于无线传感器网络的节水灌溉控制系统便出现了，该系统主要由低功耗无线传感网络节点通过ZigBee自组网方式构成，避免了有线测控系统的布线不便、灵活性较差等缺点，从而实现了土壤墒情的连续在线监测。农田节水灌溉的自动化控制既可提高灌溉用水利用率，也可为作物生长提供良好的环境。

 思考练习

以一个智能草莓温室大棚为例，设计一个智慧农业系统，要求根据草莓的生长习性，分析草莓不同生长阶段的技术需求。

考核技能点及评分方法

设计智慧农业系统考核技能点及评分方法见表1-2。

表1-2　设计智慧农业系统考核技能点及评分方法

序号	工作任务	考核技能点	评分方法	分值	分数
1	认知智慧农业感知层设备	能够识别智慧农业感知层设备	正确识别智慧农业感知层设备，了解其作用	20	
2	认知农业信息传输层设备	能够识别智慧农业传输层设备	正确识别智慧农业传输层设备，了解其作用	20	
3	设计智慧农业方案	能根据项目需求，撰写需求分析报告	报告结构完整、条理清晰、需求分析准确、用词恰当、排版美观	10	
4		能根据项目需求和现场勘测实际情况，绘制平面图	能够运用Visio正确画出项目现场布局图和需求点	20	
5		能够根据项目需求，选择智慧农业子系统	能够正确选择智慧农业子系统，包括数据采集系统、智能控制系统、软件开发系统	10	
6		能够根据项目需求，对智慧农业传感器进行选型和配置	根据客户需求，按照设备功能和现场环境对农业采集系统应用配置选型	10	
7		能根据项目需求，对智慧农业网络设备进行选型和配置	能够根据项目需求、现场环境，选择合适的网络类型和设备	10	
		总　分		100	

项目 ②

集成和应用智慧农业气象站系统

项目背景

　　农田小气候指农田中作物层里形成的特殊气候。对农作物的生长、发育、产量以及病虫害都有很大影响。根据园区所处的地势、方位、土壤性质及林果状况差异的不同，全天候收集区域内的小气候气象数据，为园区管理人员提供精准的作物生长发育和提高产量所需要的重要环境信息。为了解园区内植物的生长环境，并更好地选择和改善作物的生长环境，要时常监测园区的环境变化，提供空气温度、空气湿度、土壤湿度、土壤温度、光照度、蒸发量、降雨量、风速、风向、气压、总辐射量、光合有效辐射等多项环境因子数据信息的实时采集、传输，并对数据进行科学分析，进而寻找改善作物生长环境条件的措施，提高农作物的产量和质量。

　　智慧农业气象站的设计需要考虑符合使用场地需求的功能，同时需要依据相关部门颁布的行业标准。本项目将从设计需求与遵循标准角度出发，对微处理器与传感器进行选型，以及进行设备的安装与调试。

学习目标

【知识目标】

- 了解农业气象站基本概念；
- 学会农业气象站设备的安装流程。

【技能目标】

● 能正确安装农业气象站设备；

● 能正确调试农业气象站设备。

【素质目标】

● 具有良好的文字表达与沟通能力；

● 具有质量意识、环保意识、安全意识；

● 具有信息素养、创新思维、工匠精神；

● 具有较强的集体意识和团队合作精神。

任务1 配置调试中央控制器

 任务描述

　　中央控制器的主要作用是通过协议来控制周边设备，在工厂自动化控制、楼宇自动化控制、汽车电子、多媒体教室等领域都有相应的应用。

　　中央控制器一般的控制端为数字信控无线触摸屏、数字信控有线触摸屏、控制面板、墙装面板、计算机端软件和遥控器。

　　本次任务通过配置中央控制器，实现对各类传感器、控制器的集中控制。

任务分析

　　在组建智慧农业过程中，使用最常见的中央控制器为平板计算机或者手机，通过配置了解其基本工作方式、通信方式等。

任务实施

步骤一：认识中央控制器

准备好以下工具和器材：

工具：螺钉旋具1套；

器材：智慧社区实验台、平板计算机、线材若干。

步骤二：配置平板计算机操作

平板计算机主要用来收集网关上传上来的数据，其外观如图2-1所示。可以通过Wi-Fi或者串口将数据上传到平板计算机端，打开1+X物联网软件，配置好软件参数就可以查看数据了，如图2-2所示。

图2-1　平板计算机外观

图2-2　1+X物联网软件

单击1+X物联网App图标进入软件，可以看到传感器数据展示界面，左右滑动屏幕可以切换界面，查看不同的传感器，如图2-3～图2-5所示。

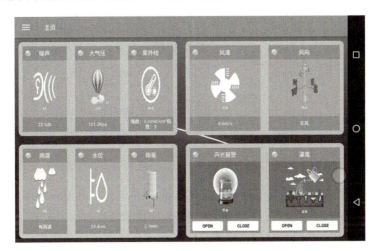

图2-3　数据展示界面1

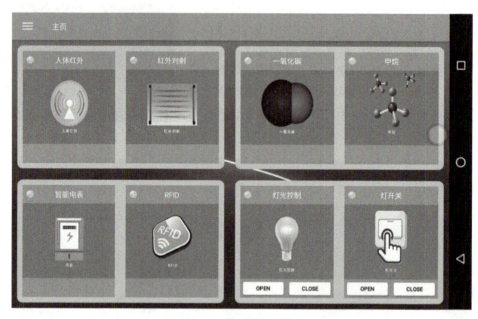

图2-4 数据展示界面2

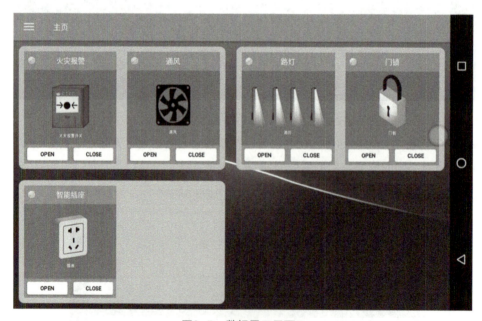

图2-5 数据展示界面3

单击左上角的菜单图标可以打开侧边菜单界面，"主页"就是传感器数据展示界面；"视频监控"可以查看监控视频，只要设备绑定云就可以直接查看；"设置"主要用来绑定云平台和查看当前设备的IP地址和端口，如图2-6所示。

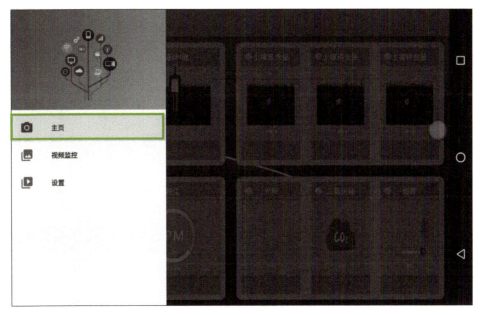

图2-6　视频监控配置

　　"视频监控"可以查看监控视频，摄像头是绑定云平台的，单击就可以直接查看绑定在云端的摄像头的监控画面，如图2-7所示。

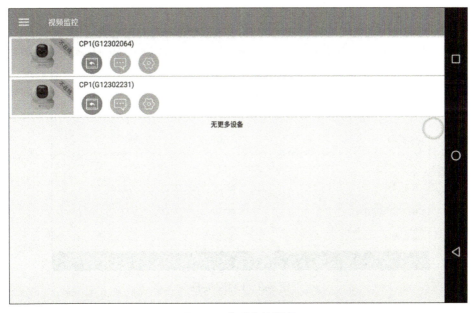

图2-7　查看监控视频

　　"设置"界面主要用来绑定云平台和查看设备信息，绑定云平台只需要单击SN右边的加号图标就会弹出扫描二维码的界面，扫描云端生成的二维码就可以将云平台和设备绑定了。

步骤三：连接终端服务

终端开启服务。进入平板设置页面，如图2-8所示。

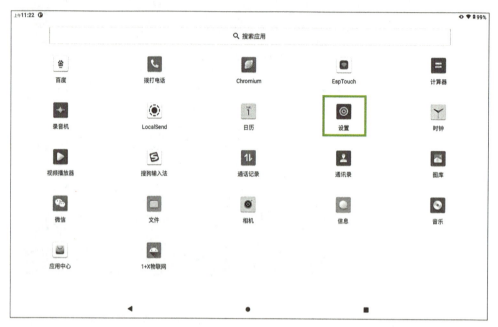

图2-8　进入平板设置页面

选择WLAN设置Wi-Fi，如图2-9所示。

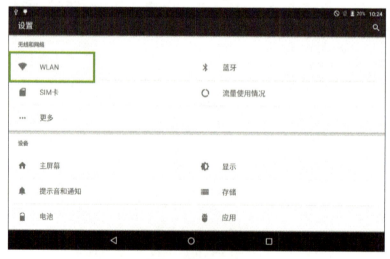

图2-9　设置Wi-Fi

开启Wi-Fi，如图2-10所示。开启Wi-Fi后，等待搜索Wi-Fi网络。搜索到网络以后，连接Wi-Fi，注意：所连接的Wi-Fi必须为直通互联网的Wi-Fi网络，任何需要验证、登录、注册的Wi-Fi网络（校园网、电信局域网、企业内部网等）都不行，并且只支持连接2.4G频段Wi-Fi，如图2-11所示。

图2-10 开启Wi-Fi

图2-11 连接Wi-Fi

启动管理软件,如图2-12所示。

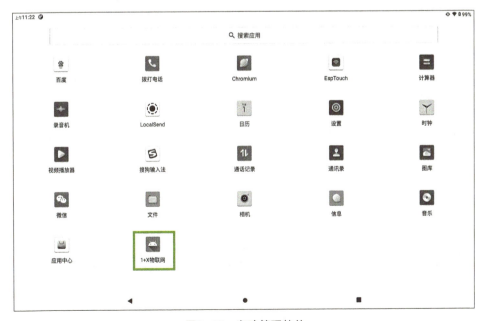

图2-12 启动管理软件

启动后，软件会提示Wi-Fi和云端连接状态。注意：启动软件前需要连接Wi-Fi，如图2-13所示。

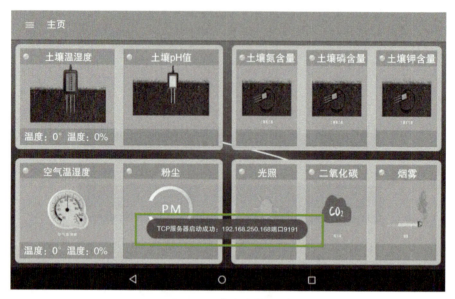

图2-13　成功连接云端

出现如图2-13所示的提示，即代表终端服务已开启成功。

步骤四：获取终端服务地址

在管理软件中单击菜单图标，如图2-14所示。

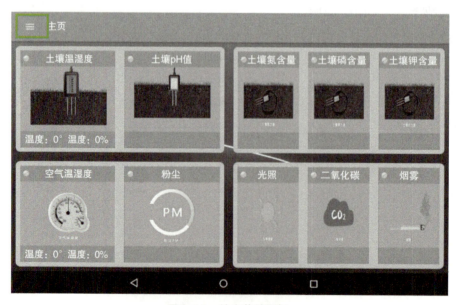

图2-14　单击菜单图标

选择"设置"，如图2-15所示。

图2-15　选择"设置"

查看软件的服务IP，如图2-16所示。此IP地址就是终端的服务IP。

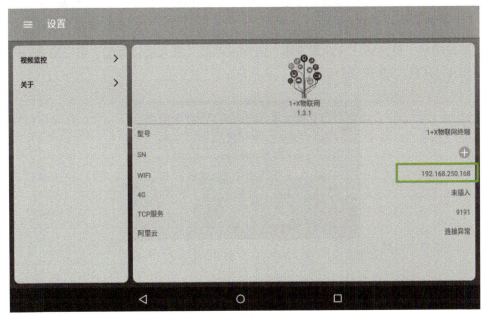

图2-16　查看软件的服务IP

步骤五：网关连接终端服务地址

在网关主页面单击"通信设置"，进入通信设置页面。在通信设置页面中，单击"WIFI设置"，进入Wi-Fi设置页面，如图2-17所示。

在客户端设置功能区，将服务器地址设置为终端服务IP，如图2-18所示。

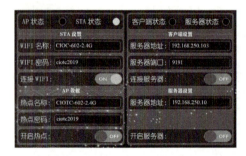

图2-17　进入Wi-Fi设置页面

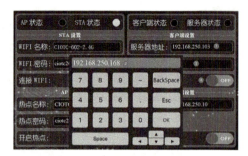

图2-18　设置服务器地址

然后单击"连接服务器"开关，等待连接，如图2-19所示。

连接成功后"客户端状态"指示亮起，"连接服务器"开关处于"ON"，如图2-20所示。

图2-19　等待连接

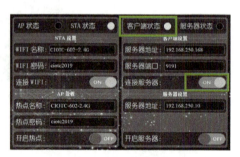

图2-20　连接成功

连接成功后，退出Wi-Fi设置页面，回到主页面，进入接口页面，将"M-WIFI"和"S-LORA"开启，如图2-21所示。

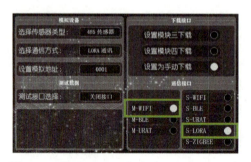

图2-21　将"M-WIFI"和"S-LORA"开启

 知识补充

物联网终端是物联网中连接传感网络层和传输网络层，实现采集数据及向网络层发送数据的设备。它担负着数据采集、初步处理、加密、传输等多种功能。物联网各类终端设备总体上可以分为情景感知层、网络接入层、网络控制层以及应用/业务层。每一层都与网络侧的控制设备有着对应关系。物联网终端常处于各种异构网络环境中，为了向用户提供最佳的使用体验，终端应当具有感知场景变化的能力，为用户选择最佳的服务通道。终端设备通过前端的RF模块或传感器模块等感知环境的变化，经过计算，决策需要采取的应对措施。

1. 按使用扩展性分类

物联网终端按使用扩展性分类主要包括单一功能终端和通用智能终端。

（1）单一功能终端

该类终端一般外部接口较少，设计简单，仅满足单一应用或单一应用的部分扩展，除了这种应用外，在不经过硬件修改的情况下无法应用在其他场合中。市场上此类终端较多，如汽车监控用的图像传输服务终端、电力监测用的终端、物流用的RFID终端，这些终端的功能单一，仅适用在特定场合，不能随应用变化进行功能改造和扩充等。因功能单一，所以该类终端的成本较低，也比较好标准化。

（2）通用智能终端

该类终端因考虑到行业应用的通用性，所以外部接口较多，设计复杂，能满足两种或更多场合的应用。它可以通过内部软件的设置修改应用参数，或通过硬件模块的拆卸来满足不同的应用需求。该类模块一般涵盖了大部分应用对接口的需求，并具有网络连接的有线、无线多种接口方式，还扩展了如蓝牙、Wi-Fi、ZigBee等接口，甚至预留一定的输出接口用于物联网应用中对"物"的控制等。该类终端开发难度大、成本高，且未标准化，市面上很少。

2. 按传输通路分类

物联网终端按传输通路分类主要包括数据透传终端和非数据透传终端。

（1）数据透传终端

该类终端将输入口与应用软件之间建立起数据传输通路，使数据可以通过模块的输入口输入，通过软件原封不动地输出，表现给外界的方式相当于一个透明的通道，因此叫作数据透传终端。该类终端被广泛用于物联网集成项目中，优点是很容易构建出符合应用的物联网系统，缺点是功能单一。在一些多路数据或多类型数据传输时，需要使用多个采集模块进行数据的合并处理后，才可通过该终端传输。否则，每一路数据都需要一个数据透传终端，这样会加大使用成本和系统的复杂程度。市面上的大部分通用终端都是数据透传终端。

（2）非数据透传终端

该类终端一般将外部多接口的采集数据通过终端内的处理器合并后传输，因此具有多路同时传输的优点，同时减少了终端数量。缺点是只能根据终端的外围接口选择应用，如果满足所有应用，该终端的外围接口种类就需要很多，在不太复杂的应用中会造成很多接口资源的浪费，因此接口的可插拔设计是此类终端的共同特点，前文提到的通用智能终端就属于此类终端。数据传输应用协议在终端内已集成，作为多功能应用，通常需要提供二次开发接口。市面上该类终端较少。

熟练掌握中央控制集成系统，请完成以下操作：

- 使用平板计算机接收传感器的数据；

- 使用平板计算机连接阿里云；

- 使用平板计算机控制执行器；

- 分析接收到的数据中哪些是正常上传的。

任务2　安装调试智慧农业气象站系统

任务描述

本任务需要实现气象站系统对农业区气象数据的监测，需要监测设施区的温度、湿度、风向、风速、雨量、蒸发量和大气压力七个农业气象要素。气象监测要求系统在具有良好的通信的同时，能够适应恶劣的自然环境，如高温、低温、冰雹、雷电等。同时该系统需能存储一年以上的数据，并可随时在人机界面观测当前的气象信息。

气候观测站主要由供电部分、数据采集部分、数据传输部分组成，具体功能如下。

供电部分：采用自适应太阳能供电系统。

数据采集部分：数据采集部分是观测站的核心部分，可实现定时采集农田现场的多项气象环境信息，主要利用采集器实现现场气象参数的采集，主要采集的要素包括空气温度和相对湿度、植物冠层温度、二氧化碳、有效光合辐射、地表温度、地下10cm温度、地下20cm温度等，采集器采集数据之后发送到采集器的液晶屏显示。

数据传输部分：小气候观测站数据传输部分包括两个方面，一方面是自动气象监测仪的液晶屏现场显示；另一方面是远程数据的传输。现场数据的传输是指从采集器到液晶屏的数据传输，传输的数据为采集器采集到的现场气象参数，传输方式采用总线RS232方式。远程数据传输主要依靠无线网络实现，传感器采集终端间通过ZigBee自组网的方式，采集终端和监控中心之间的数据传输采用LoRa扩频传输技术实现，监控中心将数据通过4G TD.LTE或光纤上传至云端（外网）服务器。

任务分析

气象站系统硬件需具备较强的抗干扰性与较好的稳定性，以适应所在设施区的雷雨等气候条件。安装于设施区的传感器需工作稳定，采集精准；采集器需功耗较低，性能满足要求。若使用区属于雷雨区，则特别注重需做防雷措施的地方，即采集器485通信端的防雷、传感器接口的防雷、电源的防雷和整个设施区的地网防雷。

智慧农业气象站系统上位机软件需包括实时气象数据的读取、历史和全部气象数据的下载。实时数据采集界面把横轴作为时间轴，纵轴作为数据轴。数据显示格式为十进制，并能生成图表以便直观进行数据监测，实现快速数据统计分析。

任务实施

步骤一：安装一体式气象站传感器

（1）产品概述

一体式气象站传感器广泛适用于环境检测，集风速、风向、温湿度、噪声采集、PM2.5和PM10、CO_2、大气压力、光照传感于一体，设备采用标准Modbus-RTU通信协议，RS485信号输出，通信距离最远可达2000m，可将数据通过485通信的方式上传至客户的监控软件或PLC组态屏等，也支持二次开发。

内置电子指南针选型的设备，安装时不再有方位的要求，只需保证水平安装即可，适用于海运船舶、汽车运输等移动场合。

一体式气象站传感器如图2-22所示，传感器节点如图2-23所示。

图2-22　一体式气象站传感器

图2-23　传感器节点

（2）实验器材

工具：螺钉旋具1套、斜口钳1个、剥线钳1个。

器材：智慧农业实验台、一体式气象站传感器、M4螺钉+螺母若干、M3螺钉+螺母若干、M2螺钉+螺母若干、线材若干、扎带若干。

（3）一体式气象站传感器参数

1）工作电压：直流供电（默认）DC 12V。

2）最大功耗：RS485输出，0.8W。

3）测量精度：

- 风速：±（0.2m/s±0.02V）（V为真实风速），风向：±3°；

- 湿度：±3%RH（60%RH，25℃），温度：±0.5℃（25℃）；

- 大气压：±0.15kPa（75kPa，25℃），噪声：±3dB；

- PM10/PM2.5：±10%（25℃）；

- CO_2：±7%（40ppm+3%FS）（25℃），光照强度：±7%（25℃）。

4）量程：

- 风速：0～60m/s，风向：0°～359°；

- 湿度：0～99%RH，温度：-40～120℃；

- 大气压：0～120kPa，噪声：30～120dB；

- PM10/PM2.5：0～1000μg/m³；

- CO_2：0～5000ppm，光照强度：0～20×10⁵Lux。

5）响应时间：

- 风速：1s，风向：1s；

- 湿度：≤1s，温度：≤1s；

- 大气压：≤1s，噪声：≤1s；

- PM10/PM2.5：≤90s；

- CO_2：≤90s，光照强度：≤0.1s；

6）通信协议：RS485（Modbus协议）。

（4）设备安装

一体式气象站尺寸图如图2-24所示，实物图如图2-25所示，智慧农业初级实验安装整体图如图2-26所示。

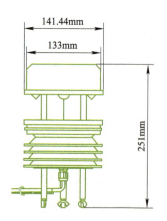

图2-24　一体式气象站尺寸图

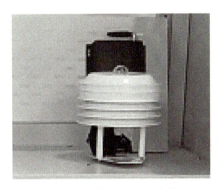

图2-25　一体式气象站实物图

图2-26　智慧农业初级实验安装整体图

使用2PCS（PCS表示的是螺钉和螺母的数量）M2螺钉和螺母将传感节点固定在实验台的格板上，安装位置如图2-27所示。螺钉紧固方式（紧固对角安装）如图2-28所示。

图2-27　安装位置

图2-28　螺钉紧固方式

使用2PCS M3螺钉和螺母将一体式气象站固定在实验台的格板上，安装位置参考图2-27，紧固方式采用对角安装，如图2-29所示。

图2-29　一体式气象站紧固方式

（5）导线安装

电源：棕色接DC 12V、黑色接地（GND）；通信线：黄色接A，蓝色接B。

1）使用剥线钳将一体式的4根线上的绝缘胶去掉，如图2-30所示。

2）使用一字螺钉旋具将剥好的线按照图2-31所示接在传感器节点的端子上。

3）将接好的端子插入到传感器节点上，如图2-32所示。

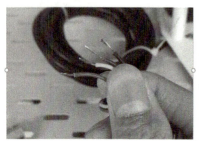
图2-30　绝缘线剥线

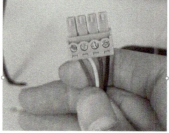
图2-31　接线端子

图2-32　传感器节点接线示意图

4）将DC 12V电源线接入传感器节点，如图2-33所示。电源线从格板上的格孔穿到下面的另外一面，最后将电源线的另外一边接在直流电源（12V）上，安装完成，如图2-34所示。

图2-33　传感器节点电源线连接示意图

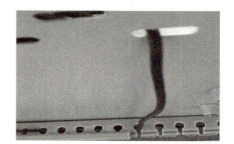
图2-34　电源线走线示意图

（6）数据上传

连接平板计算机，步骤详见项目2任务1，数据上传如图2-35所示。

图2-35　数据上传

（7）注意事项

1）传感器节点的数据线A、B线请勿接反。

2）传感器节点电源线请勿接反。

3）传感器节点不要使用超过DC 12V的电源进行供电。

4）设备数量过多或布线太长，应就近供电，增加485增强器，同时增加120Ω终端电阻。

5）设备安装尽量以对角方式进行螺钉紧固。

6）布线保持横平竖直，设备布局保持上下对称，左右对齐。

7）安装设备时必须断电。

步骤二：安装风向传感器

（1）产品概述

风向传感器的外型小巧轻便，便于携带和组装，壳体采用优质铝合金型材，外部进行电镀喷塑处理，具有良好的防腐、防侵蚀等特点，能够保证仪器长期使用无锈浊现象，同时配合内部顺滑的轴承系统，确保了信息采集的精确性，被广泛应用于温室、环境保护、气象站、船舶、码头、养殖等环境的风向测量。风向传感器如图2-36所示，传感器节点如图2-37所示。

图2-36　风向传感器

图2-37　传感器节点

（2）功能特点

1）量程：8个指示方向。

2）防电磁干扰处理。

3）采用高性能进口轴承，转动阻力小，测量精准。

4）全铝外壳，机械强度大，硬度高，耐腐蚀、不生锈，可长期用于室外。

5）设备结构及重量经过精心设计及分配，转动惯量小，响应灵敏。

6）标准Modbus-RTU通信协议，接入方便。

（3）实验器材

工具：螺钉旋具1套、斜口钳1个，剥线钳1个。

器材：智慧农业实验台、风向传感器、传感器节点、M4螺钉+螺母若干、M3螺钉+螺母若干、M2螺钉+螺母若干、M3螺柱若干、线材若干、扎带若干。

（4）风向传感器参数

1）工作电压：DC 12V。

2）工作温度：-20~60℃，0~80%RH。

3）通信接口：

● RS485（Modbus协议）；

● 波特率：2400、4800（默认）、9600；

● 数据位长度：8位；

● 奇偶校验方式：无；

● 停止位长度：1位；

● Modbus通信地址：1；

● 支持功能码：03。

4）测量范围：8个指示方向。

5）动态响应速度：≤0.5s。

备注：Modbus通信地址可以通过软件进行修改。

（5）设备安装

风向传感器尺寸图如图2-38所示，智慧农业初级实验安装整体图如图2-39所示。

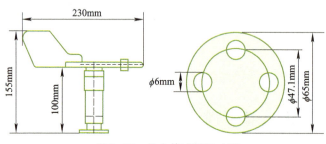

图2-38 风向传感器尺寸图

图2-39 智慧农业初级实验
安装整体图

使用4PCS M3螺柱和M3的螺母将风向传感器固定在格板上，如图2-40和图2-41所示。

图2-40 风向传感器固定位置

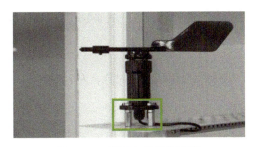

图2-41　将风向传感器固定

（6）导线安装

电源：棕色接DC 12V、黑色接GND；通信线：绿色接A，蓝色接B。

1）使用剥线钳将一体式的4根线上的绝缘胶去掉，如图2-42所示。

2）使用一字螺钉旋具将剥好的线按照图2-43所示接在传感器节点的端子上。

图2-42　绝缘线剥线

图2-43　接线端子

（7）数据上传

连接平板计算机，步骤详见项目2任务1，数据上传如图2-44所示。

（8）注意事项

1）用户不得自行拆卸，更不能触碰传感器芯体，以免造成产品的损坏。

2）尽量远离大功率干扰设备，以免造成测量不准确，如变频器、电动机等，安装、拆卸传感器时必须先断开电源，传感器内有水进入会导致不可逆转变化。

3）防止化学试剂、油、粉尘等直接侵害传感器，勿在结露、极限温度环境下长期使用，严防冷热冲击。

图2-44　数据上传

4）传感器节点的数据线A、B线请勿接反。

5）传感器节点电源线请勿接反。

6）传感器节点不要使用超过DC 12V的电源进行供电。

7）设备数量过多或布线太长，应就近供电，增加485增强器，同时增加120Ω终端电阻。

8）设备安装尽量以对角方式进行螺钉紧固。

9）布线保持横平竖直，设备布局保持上下对称，左右对齐。

10）安装设备时必须断电。

步骤三：安装风速传感器

（1）产品概述

风速传感器的外型小巧轻便，便于携带和组装，三杯设计理念可以有效获得外部环境信息，壳体采用优质铝合金型材，外部进行电镀喷塑处理，具有良好的防腐、防侵蚀等特点。风速传感器如图2-45所示。传感器节点如图2-46所示。

图2-45　风速传感器

图2-46　传感器节点

（2）功能特点

1）量程：0～60m/s，分辨率0.1m/s。

2）防电磁干扰处理。

3）采用底部出线方式，杜绝航空插头橡胶垫老化问题，长期使用仍然防水。

4）采用高性能进口轴承，转动阻力小，测量精确。

5）全铝外壳，机械强度大，硬度高，耐腐蚀、不生锈，可长期用于室外。

6）设备结构及重量经过精心设计及分配，转动惯量小，响应灵敏。

7）标准Modbus-RTU通信协议，接入方便。

（3）实验器材

工具：螺钉旋具1套、斜口钳1个、剥线钳1个。

器材：智慧农业实验台、风速传感器、传感器节点、M4螺钉+螺母若干、M3螺钉+螺母若干、M2螺钉+螺母若干、M3螺柱若干、线材若干、扎带若干。

（4）风速传感器参数

1）工作电压：DC 12V。

2）工作温度：-20～60℃，0～80%RH。

3）通信接口：

- RS485（Modbus协议）；

- 波特率：2400、4800（默认）、9600；

- 数据位长度：8位；

- 奇偶校验方式：无；

- 停止位长度：1位；

- Modbus通信地址：1；

- 支持功能码：03。

4）分辨率：0.1m/s。

5）测量范围：0～60m/s。

6）动态响应速度：≤0.5s。

7）精度：±（0.2+0.03V）m/s，表示风速。

备注：Modbus通信地址可以通过软件进行修改。

（5）设备安装

风速传感器尺寸图如图2-47所示，智慧农业初级实验安装整体图如图2-48所示。

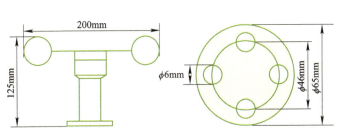
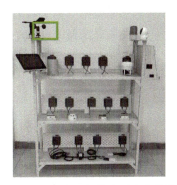

图2-47　风速传感器尺寸图　　　　图2-48　智慧农业初级实验安装整体图

安装风速传感器的操作步骤可参考风向传感器安装。

（6）导线安装

电源：棕色接DC 12V、黑色接GND；通信线：绿色接A，蓝色接B。

1）使用剥线钳将一体式的4根线上的绝缘胶去掉，如图2-49所示。

2）使用一字螺钉旋具将剥好的线按照图2-50所示接在传感器节点的端子上。

图2-49　绝缘线剥线

图2-50　接线端子

（7）注意事项

1）用户不得自行拆卸，更不能触碰传感器芯体，以免造成产品的损坏。

2）尽量远离大功率干扰设备，以免造成测量的不准确，如变频器、电动机等，安装、拆卸传感器时必须先断开电源，传感器内有水进入可导致不可逆转变化。

3）防止化学试剂、油、粉尘等直接侵害传感器，勿在结露、极限温度环境下长期使用，严防冷热冲击。

4）传感器节点的数据线DATA1、DATA2线请勿接反。

5）传感器节点电源线请勿接反。

6）传感器节点不要使用超过DC 12V的电源进行供电。

7）设备数量过多或布线太长，应就近供电，增加485增强器，同时增加120Ω终端电阻。

8）设备安装尽量以对角方式进行螺钉紧固。

9）布线保持横平竖直，设备布局保持上下对称，左右对齐。

10）安装设备时必须断电。

步骤四：安装微型翻斗式雨量计传感器

（1）产品概述

PR-YL-N01-3003型（微型）翻斗式雨量计传感器是一种水文、气象仪器，用于测量自然界降雨量，同时将降雨量脉冲信号转换为485（标准Modbus-RTU协议）通信方式输出，以满足信息传输、处理、显示等需要，直接读取数据，无需二次运算。它由承雨器部件和计量部件等组成，承雨口采用φ110mm口径；核心部件翻斗采用了三维流线型设计，使翻斗翻水更加流畅，且具有自涤灰尘的功能。该传感器被广泛应用于气象台（站）、水文站、农林等有关部门。微型翻斗式雨量计传感器如图2-51所示，传感器节点如图2-52所示。

图2-51　微型翻斗式雨量计传感器

图2-52　传感器节点

（2）功能特点

1）体积小、安装方便。

2）精度高、稳定性好。

3）仪器外壳用ABS工程塑料制成，不生锈，外观质量佳。

4）承雨口采用ABS工程塑料注塑而成，光洁度高，滞水产生的误差小。

（3）实验器材

工具：螺钉旋具1套、斜口钳1个、剥线钳1个。

器材：智慧农业实验台、微型翻斗式雨量计传感器、传感器节点、M4螺钉+螺母若干、M3螺钉+螺母若干、M2螺钉+螺母若干、M3螺柱若干、线材若干、扎带若干。

（4）微型翻斗式雨量计传感器参数

1）工作电压：DC 12V。

2）工作温度：-0～50℃。

3）工作湿度：<95%（40℃）。

4）精度：≤±2%。

5）测量范围：0～4mm/min。

6）通信协议：RS485（Modbus协议）。

（5）设备安装

微型翻斗式雨量计传感器尺寸图如图2-53所示，智慧农业初级实验安装整体图如图2-54所示。

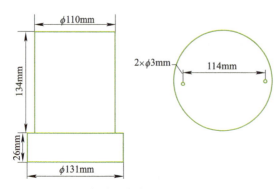

图2-53 微型翻斗式雨量计传感器尺寸图

图2-54 智慧农业初级实验安装整体图

使用螺钉旋具将雨量计的盖子拆开，再使用斜口钳将捆在翻水斗上的扎带剪断，如图2-55所示。

使用2PCS M2螺钉进行固定，螺母从另外一面进行安装，如图2-56所示。

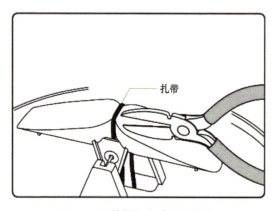

图2-55 剪断翻水斗上的扎带

图2-56 翻水斗安装

（6）导线安装

电源：棕色接DC 12V、黑色接GND；通信线：黄色接A，蓝色接B。

1）使用剥线钳将一体式的4根线上的绝缘胶去掉，如图2-57所示。

2）使用一字螺钉旋具将剥好的线按照图2-58所示接在传感器节点的端子上。

图2-57 绝缘线剥线

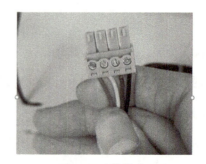

图2-58 接线端子

（7）数据上传

连接平板计算机步骤详见项目2任务1，数据上传如图2-59所示。

图2-59　数据上传

（8）注意事项

1）当从包装箱中取出雨量筒并安装完成后，请逆时针旋转外壳，使外壳和底盘分离。这时将雨量筒内部翻斗上的扎带剪断，使翻斗可以自由翻动，再重新装上外壳并顺时针旋转扣紧（这个扎带的作用是避免运输途中翻斗脱落，若需要重新运输雨量筒，需仍在此位置捆绑一个扎带固定好翻斗）。

2）传感器节点的数据线A、B线请勿接反。

3）传感器节点电源线请勿接反。

4）传感器节点不要使用超过DC 12V的电源进行供电。

5）设备数量过多或布线太长，应就近供电，增加485增强器，同时增加120Ω终端电阻。

6）设备安装尽量以对角方式进行螺钉紧固。

7）布线保持横平竖直，设备布局保持上下对称，左右对齐。

8）安装设备时必须断电。

步骤五：安装雨雪传感器节点

（1）产品概述

雨雪传感器主要用来检测自然界中是否出现了降雨或者降雪。本传感器采用交流阻抗测量方式，电极使用寿命长，不会出现氧化问题。雨雪传感器可广泛应用于环境、温室、养殖、建筑、楼宇等的雨雪有无的定性测量，安全可靠，外观美观，安装方便。雨雪传感器如图2-60所示，传感器节点如图2-61所示。

图2-60　雨雪传感器

图2-61　传感器节点

（2）功能特点

采用交流阻抗测量形式，交流阻抗方式可以有效避免电极发生氧化电解，极大地提高寿命。雨雪测量结果精准，误报率几乎为零。选配有加热功能，当检测到气温低时，自动启用下雪加热功能来加速去雪冰，使得测量的速率加快。

（3）实验器材

工具：螺钉旋具1套、斜口钳1个、剥线钳1个。

器材：智慧农业实验台、雨雪传感器、传感器节点、M4螺钉+螺母若干、M3螺钉+螺母若干、M2螺钉+螺母若干、M3螺柱若干、线材若干、扎带若干。

（4）雨雪传感器参数

1）工作电压：DC 12V。

2）工作功率：0.4W。

3）工作温度：<15℃。

4）支持功能码：03、06。

5）输出型号：485继电器。

6）默认Modbus地址：01。

7）通信协议：RS485（Modbus协议）。

备注：Modbus通信地址可以通过软件进行修改。

（5）设备安装

雨雪传感器尺寸图如图2-62所示，智慧农业初级实验安装整体图如图2-63所示。

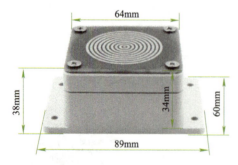

图2-62　雨雪传感器尺寸图　　　图2-63　智慧农业初级实验安装整体图

雨雪传感器的安装步骤可参考风向传感器安装。

（6）导线安装

电源：棕色接DC 12V、黑色接GND；通信线：黄色接A，蓝色接B。

1）使用剥线钳将一体式的4根线上的绝缘胶去掉，如图2-64所示。

2）使用一字螺钉旋具将剥好的线按照图2-65所示接在传感器节点的端子上。

图2-64　绝缘线剥线

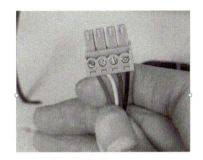
图2-65　接线端子

（7）数据上传

连接平板计算机步骤详见项目2任务1，数据上传如图2-66所示。

（8）注意事项

1）传感器节点的数据线A、B线请勿接反。

2）传感器节点电源线请勿接反。

3）传感器节点不要使用超过DC 12V的电源进行供电。

4）设备数量过多或布线太长，应就近供电，增加485增强器，同时增加120Ω终端电阻。

5）设备安装尽量以对角方式进行螺钉紧固。

6）布线保持横平竖直，设备布局保持上下对称，左右对齐。

7）安装设备时必须断电。

图2-66　数据上传

步骤六：安装紫外线传感器

（1）产品概述

PR-3002-UVWS-N01是一款紫外线传感器，基于光敏元件将紫外线转换为可测量的电信号原理，实现紫外线的在线监测。电路采用进口工业级微处理器芯片、进口高精度紫外线传感器，确保产品优异的可靠性、高精度。它综合温湿度传感器为一体，测量数据更为全面，输出485信号（标准Modbus-RTU协议），最远可通信2000m，支持二次开发。传感器外壳为壁挂高防护等级外壳，防护等级IP65，防雨雪，可以广泛应用在环境监测、气象监测、农业、林业等环境中，测量大气中以及人造光源等环境下的紫外线。紫外线传感器如图2-67所示，传感器节点如图2-68所示。

图2-67　紫外线传感器

图2-68　传感器节点

（2）功能特点

1）采用对240～370nm高敏感的紫外线测量器件，精准测量紫外线强度。

2）透视窗采用高品质透光材料，紫外线透过率超过98%，避免了因传统PMMA、PC材料对紫外线的吸收导致紫外线测量值偏低的问题。

3）产品采用485通信接口，标准Modbus-RTU通信协议，通信地址及波特率可设置，最远通信距离2000m。

4）壁挂防水外壳，防护等级高，可用长期用于室外雨雪环境。

5）10～30V直流电压供电。

（3）实验器材

工具：螺钉旋具1套、斜口钳1个、剥线钳1个。

器材：智慧农业实验台、紫外线传感器、传感器节点、M4螺钉+螺母若干、M3螺钉+螺母若干、M2螺钉+螺母若干、M3螺柱若干、线材若干、扎带若干。

（4）紫外线传感器参数

1）工作电压：DC 12V。

2）最大功耗：0.1W。

3）工作湿度温度：-40～80℃，0～80%RH。

4）紫外线强度量程：0～15mW/cm^2、0～450μW/cm^2。

5）紫外线指数量程：0～15（紫外线强度量程在0～450μW/cm^{2}款无此参数）。

6）波长范围：240～370nm。

7）温湿度量程：-40～80℃，0～80%RH。

8）精度：紫外线强度：±10%FS；湿度：±3%RH（60%RH，25℃）；温度：±0.5℃（25℃）。

9）通信协议：RS485（Modbus协议）。

（5）设备安装

紫外线传感器尺寸图如图2-69所示，智慧农业初级实验安装整体图如图2-70所示。

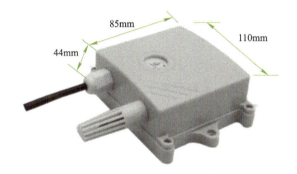

图2-69　紫外线传感器尺寸图

图2-70　智慧农业初级实验安装整体图

紫外线传感器的安装步骤可参考风向传感器安装。

（6）导线安装

电源：棕色接DC 12V、黑色接GND；通信线：黄色接A，蓝色接B。

1）使用剥线钳将一体式的4根线上的绝缘胶去掉，如图2-71所示。

2）使用一字螺钉旋具将剥好的线按照图2-72所示接在传感器节点的端子上。

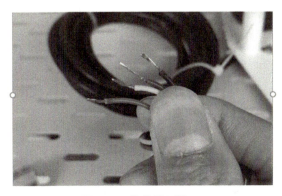

图2-71　绝缘线剥线

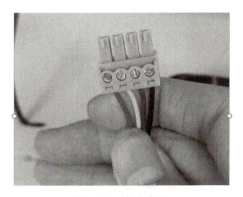

图2-72　接线端子

（7）数据上传

连接平板计算机步骤详见项目2任务1，数据上传如图2-73所示。

（8）注意事项

1）传感器节点的数据线A、B线请勿接反。

2）传感器节点电源线请勿接反。

3）传感器节点不要使用超过DC 12V的电源进行供电。

4）设备数量过多或布线太长，应就近供电，增加485增强器，同时增加120Ω终端电阻。

5）设备安装尽量以对角方式进行螺钉紧固。

6）布线保持横平竖直，设备布局保持上下对称，左右对齐。

7）安装设备时必须断电。

8）此设备安装时应使传感器感光面垂直于光源（特别说明）。

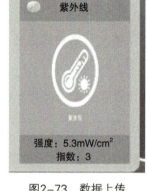

图2-73　数据上传

步骤七：安装太阳能发电系统

（1）产品概述

太阳发电系统一般由太阳电池组件组成的光伏方阵、太阳能充放电控制器、蓄电池组、离网型逆变器、直流负载和交流负载等构成。例如，输出电源为交流220V或110V，还需要配置逆变器。光伏方阵在有光照的情况下将太阳能转换为电能，通过太阳能充放电控制器给负载供电，同时给蓄电池组充电；在无光照时，通过太阳能充放电控制器由蓄电池组给直流负载供电，同时蓄电池还要直接给独立逆变器供电，通过独立逆变器逆变成交流电，给交流负载供电。

太阳能控制节点如图2-74所示，太阳能充电板如图2-75所示，太阳能控制器如图2-76所示，12V LED灯如图2-77所示。

图2-74　太阳能控制节点

图2-75　太阳能充电板

图2-76　太阳能控制器

图2-77　12V LED灯

（2）功能特点

1）太阳能取之不尽，用之不竭。据估算，一年之中投射到地球的太阳能，其能量相当于137万亿吨标准煤所产生的热量，大约为全球一年内利用各种能源所产生能量的两万倍。

2）太阳能在转换过程中不会产生危及环境的污染。

3）太阳能资源遍及全球，可以分散地、区域性地开采。我国约有2/3的地区可以较好地利用太阳能资源。

4）光伏发电是间歇性的，有阳光时才发电，且发电量与阳光的强弱成正比关系。

5）光伏发电是静态运行的，没有运动部件，寿命长，无需或极少需要维护。

6）光伏系统模块化，可以安装在靠近电力消耗的地方，在远离电网的地区，可以降低输电和配电成本，增加供电设施的可靠性。

（3）实验器材

1）工具：螺钉旋具1套、斜口钳1个、剥线钳1个。

2）器材：

智慧农业实验台、12V 50W 30A控制器、传感器节点、M4螺钉+螺母若干、M3螺钉+螺母若干、M2螺钉+螺母若干、M3螺柱若干、线材若干、扎带若干。

（4）太阳能发电系统参数

1）工作电压：12V。

2）工作功率：50W。

3）最大发电电流：40A。

4）工作温度：-20～50℃。

5）充电模式：PWM。

（5）设备安装

太阳能控制器尺寸图如图2-78所示，智慧农业初级实验安装整体图如图2-79所示。

图2-78　太阳能控制器尺寸图

图2-79　智慧农业初级实验安装整体图

1）按照图2-80所示将太阳能控制器、太阳能发电板和LED灯连接。

2）将太阳能发电板放在如图2-81所示位置。

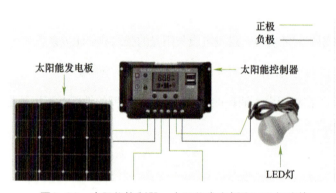

图2-80　太阳能控制器、太阳能发电板和LED灯连接

图2-81　太阳能发电板安装位置

（6）导线安装

电源：红色接DC 12V、黑色接GND。

1）使用剥线钳将一体式的2根线上的绝缘胶去掉，如图2-82所示。

2）使用一字螺钉旋具将剥好的线按照图2-83所示接在传感器节点的端子上。

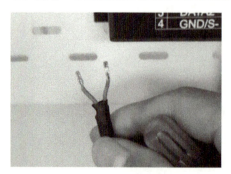

图2-82　绝缘线剥线

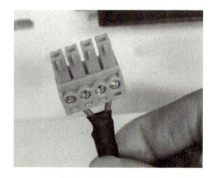

图2-83　接线端子

（7）注意事项

1）设备数量过多或布线太长，应就近供电，增加485增强器，同时增加120Ω终端电阻。

2）设备安装尽量以对角方式进行螺钉紧固。

3）布线保持横平竖直，设备布局保持上下对称，左右对齐。

4）安装设备时必须断电。

知识补充

智慧农业气象站系统需要符合以下设计标准：

- 世界气象组织《气象仪器和观测方法指南》；

- 《中国人民共和国气象法》；

- 中国气象局QX/T1—2000《Ⅱ 型自动气象站》行业标准；

- 中国气象局QX4—2015《气象台（站）防雷技术规范》行业标准；

- 中国气象局 《地面气象观测业务技术规定》（2016版）；

- 中华人民共和国水利部SL 364—2015《土壤墒情监测规范》行业标准；

- GB/T 20524—2006《农田小气候观测仪》国家标准。

本气象站系统是一个集成气象数据采集、传输、SD卡存储和上位机软件管理于一体的无人值守自动化气象数据监测系统，可应用于农业生产、森林防护、工业应用等领域。本系统是针对农业区的环境特点而设计制造的，所以主要用于农业区的气象数据监测。

此数据采集系统包含气象传感器、气象数据采集器和气象软件三大部分，可同时采集温度、湿度、风向、风速、雨量、蒸发量和大气压力等气象数据的实时数据、全部数据和时段（历史）数据，数据每过5min以文本格式存储于SD卡中。存储卡中有十六进制与十进制两种数据格式，方便计算与直观记录。下位机之间通过RS485连接，之后通过以太网上传到上位机软件，进行实时数据显示以及全部和时段数据的下载。

气象站系统在硬件和软件方面采用了电磁兼容、抗干扰和防雷击等多种可靠性设计，能够在农业区稳定运行，而且系统加入UPS，保证了在市电中断的情况下继续提供220V系统电源。该系统具有高精度、低成本、低功耗和人机界面友好等特点，综合考虑完全满足农业区自动气象站的观测要求。

思考练习 ◀

根据不同用户需求，分析所需采样的气象参数，设计一套气象站系统。

要求：

- 撰写项目设计方案，对参数进行分析；

- 完成设备选型，提供选型依据；

- 完成系统设计方案；

- 完成项目预算方案。

任务3 注册与实名认证云平台

任务描述 ◀

物联网平台提供安全可靠的设备连接通信能力，支持设备数据采集上云，规则引擎流转数据和云端数据下发设备端。此外，也提供方便快捷的设备管理能力，支持物模型定义，数据结构化存储和远程调试、监控、运维。

通过物联网平台建立的物模型与智慧社区的实物设备绑定后，获取到的设备监控数据上传至云端，并且使用已有的设备建立场景联动。

任务分析 ◀

在阿里云官网上需要完成以下两点：在阿里云网站上注册阿里云账号和完成实名认证。

任务实施 ◀

步骤一：阿里云平台注册

1）在浏览器中打开阿里云官网：https://www.aliyun.com。

2）在页面右上角单击"立即注册"按钮，如图2-84所示。

图2-84　登录界面

3）填写注册信息，阅读服务条款，单击"同意并注册"按钮。

设置会员名，如图2-85所示，注意事项如下：

① 5～25个字符，不能包含标点等特殊字符。

② 尽量避免使用姓名、手机号、身份证、银行卡等隐私信息。

③ 推荐使用中文。

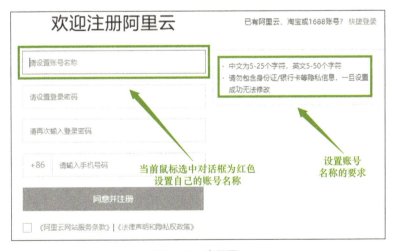

图2-85　注册页1

设置登录密码，如图2-86所示，注意事项如下：

① 6～20个字符。

② 只能包含字母、数字以及标点符号（除空格）。

③ 字母、数字和标点符号至少包含2种。

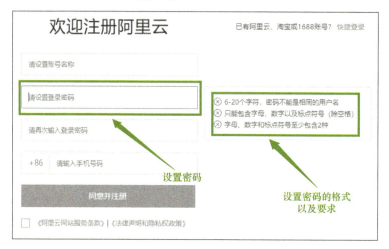

图2-86　注册页2

4）输入手机号并验证手机。输入手机收到的验证码，完成验证后，注册成功。

步骤二：个人实名认证

实名认证直接影响账号的归属，企业使用的账号进行个人实名认证后，遇人员变动交接账号或账号下财产出现纠纷时，可能带来麻烦，甚至造成经济损失，并且实名认证信息对提现和获取发票都有可能会产生影响。因此，如果是企业账号，请进行企业实名认证。

1. 通过个人支付宝完成实名认证

1）登录阿里云控制台，如图2-87所示。

2）单击会员名，进入账号管理页面，如图2-88所示。

3）在左侧导航栏中，单击个人头像进行实名认证，如图2-89所示。

4）在实名认证页面，选择认证类型为"个人实名认证"，如图2-90所示。

图2-87　登录

图2-88　我的阿里云

图2-89　个人主页

图2-90 实名认证

5）单击"个人支付宝授权认证"，如图2-91所示。

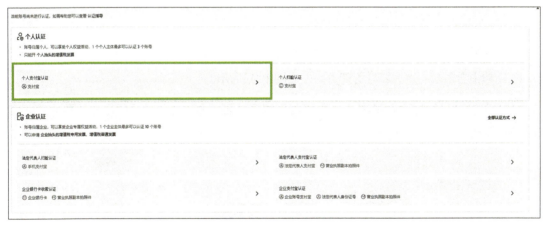

图2-91 授权认证

6）单击"提交"按钮确认协议，如图2-92所示。

7）在支付宝登录页面（见图2-93），可以直接扫码登录，也可以单击"账密登录"，输入已完成实名认证的个人支付宝账号以及登录密码，然后单击"绑定支付宝账号"。验证成功后，完成认证。

图2-92 确认授权

图2-93　支付宝登录

2. 通过阿里云App完成实名认证

阿里云App实人认证只能用于个人实名认证，不能进行企业实名认证。但可以在阿里云App上通过绑定企业支付宝进行企业实名认证。

在手机上阿里云App上登录后，直接进行实名认证；或在使用阿里云App开通业务或购买产品时，根据提示和操作流程完成实名认证。

阿里云App完成实名认证操作步骤：

1）登录阿里云控制台，如图2-94所示。

2）单击会员名，进入账号管理页面，如图2-95所示。

3）在左侧导航栏中，单击个人头像进行实名认证，如图2-96所示。

4）在实名认证页面，选择认证类型为"个人实名认证"，如图2-97所示。

图2-94　登录阿里云控制台

图2-95　我的阿里云

图2-96　个人主页

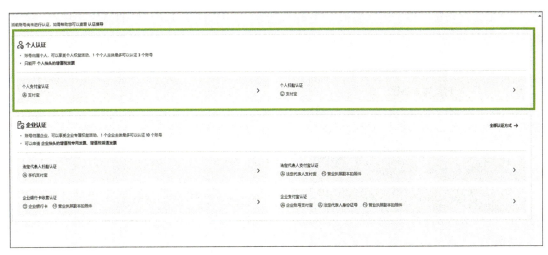

图2-97　个人实名认证

5）单击实人认证栏中"立即认证"按钮，出现认证二维码。

用手机阿里云App或手机淘宝App扫码，实人认证流程图如图2-98所示。

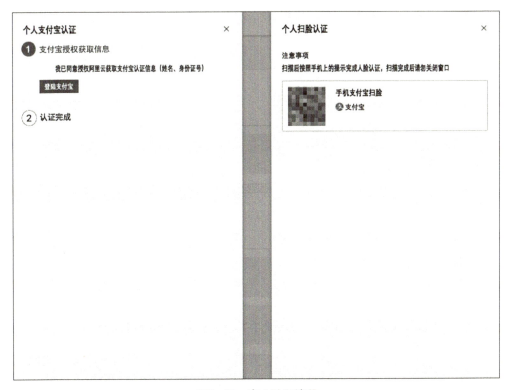

图2-98　实人认证流程

6）选择认证方式为"刷脸完成身份认证"，然后单击"开始认证"按钮，再根据页面提示完成实人刷脸验证操作，如图2-99所示。

7）验证身份证证件。根据提示拍摄身份证照片。请在网络状态良好的情况下拍照，并注意避免反光，如图2-100所示。

图2-99　开始认证

图2-100　上传证件

8）认证成功后，返回客户端页面，单击"我已完成认证"按钮。

3．后续步骤

实名认证成功后，就可以使用该阿里云账号在阿里云官网上购买所需的产品和服务。

为了方便支付，可以在"账号管理"→"账号绑定"页面上，将阿里云账号与支付宝账号进行绑定。绑定支付宝账号和更换绑定支付宝账号操作流程，请参见"绑定支付宝账号"。

说明：

1）通过支付宝账号进行实名认证并没有将该支付宝账号与阿里云账号绑定用于支付。

2）绑定用于支付的支付宝账号可以是实名认证时使用的支付宝账号，也可以是其他支付宝账号。

账号安全设置

为了保护阿里云账号安全，建议至少完成一项安全设置：修改登录密码或开启多因素认证（Multi-Factor Authentication，MFA）。

1. 背景信息

MFA是登录密码之外的第二层安全保护，也是一种简单、有效的安全实践。开启MFA后，当再次登录阿里云时，除了登录密码之外，系统还将提示输入MFA设备生成的校验码。

2. 修改登录密码

1）使用阿里云账号登录阿里云控制台安全设置页面。

2）单击登录密码区域右侧的"修改"，如图2-101所示。

图2-101 安全设置

3）根据页面提示修改登录密码。完成后系统提示密码修改成功，如图2-102所示。

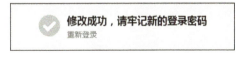

图2-102 修改成功

注意：

● 登录密码是登录阿里云的身份凭证，请妥善保管。

● 建议每90天更换一次登录密码，以防被盗。

3. 开启MFA

说明操作前，请在移动设备端下载并安装阿里云应用或Google Authenticator应用。

1）使用阿里云账号登录阿里云控制台安全设置页面。

2）单击虚拟MFA区域右侧的"马上设置"。

3）在验证身份页面，选择合适的方式并根据页面提示进行身份验证。

4）在移动端登录Google Authenticator或阿里云App并扫描页面上的二维码，然后单击"确定"按钮。

Google Authenticator或阿里云App上会显示当前阿里云账号的6位校验码（校验码每30s更新一次）。

5）在绑定MFA页面，输入上述校验码，然后单击"下一步"按钮。

如果身份验证页面提示绑定成功，则说明已成功开启MFA。

 思考练习

1．登录阿里云官网，注册或登录已有的阿里云账号，登录完成后，进行实名认证。

2．登录阿里云产品下的物联网平台，进入控制台后，在公共实例下创建产品，产品名称为"智慧农业+准考证号后四位"，完成后，在产品详情页将产品详情截图保存在"姓名+准考证号+物联网智慧农业云平台实操题答案"文件夹下，之后将截图上传到考试系统。"我的阿里云"截图样式如图2-103所示。产品详情页截图样式如图2-104所示。

图2-103 "我的阿里云"截图样式

公共实例	物联网平台 / 设备管理 / 产品				
设备管理 ∧	**产品** (设备模型)				
产品	创建产品 快速入门 请输入产品名称查询			请选择产品标签 ∨	
设备	产品名称	ProductKey	节点类型	创建时间	操作
分组	智慧农业	a1W0xBzXiwC	设备	2022/04/06 14:29:06	查看 管理设备 删除
任务	社区	a1biUVoUOsB	设备	2022/03/30 22:57:06	查看 管理设备 删除
CA 证书	智慧社区	a1dfWZ3FiOt	设备	2022/03/30 19:39:02	查看 管理设备 删除
规则引擎 ∨					

图2-104 产品详情页截图样式

考核技能点及评分方法

集成和应用智慧农业气象站系统考核技能点及评分方法见表2-1。

表2-1　集成和应用智慧农业气象站系统考核技能点及评分方法

序号	工作任务	考核技能点	评分方法	分值	分数
1	配置调试中央控制器	了解智慧农业的中央控制器基础功能，熟悉每个图标所代表的传感器数据	能够认识智慧农业中央控制器中的图标，以及了解每个图标代表的含义	10	
2		能够熟练操作智慧农业中央控制器的基础功能，能够说出每个传感器所对应的图标。能够熟练运用中央控制器连接LoRa网关	能够熟练操作智慧农业中央控制器连接LoRa网关	10	
3	安装调试智慧农业气象站系统	能够识别智慧农业气象站系统相关设备	能够识别智慧农业气象站系统传感器、控制器、连接器、执行器、网关等系统设备	20	
4		能够根据项目需求，对智慧农业气象站系统传感器正确选型配置安装	传感器选型；网关设备选型传感器安装：安装传感器至智慧农业架子上	30	
5	注册与实名认证云平台	阿里云平台登录	能够成功注册并登录阿里云平台	10	
6		个人实名认证	能够成功完成个人实名认证	20	
总　分				100	

项目③
集成和应用智慧农业温室系统

项目背景

　　农业进入信息化时代后，人们越来越重视对温室内部作物生长数据和环境变量数据的采集，以保证温室作物科学合理种植。传统的人工控制方式在智能温室面前，其劣势越来越明显。因此将物联网技术引入温室中，实现温室种植的高效和精准化管理。

　　近年来，随着物联网技术的出现，温室大棚环境监控系统得到了突飞猛进的发展。在农业领域，物联网技术涵盖了传感器、网络通信以及自动控制等技术，与传统的有线监控相比，物联网技术不需要布线，应用简便灵活，可以实现对温室作物生长的实时监测，获取作物生长环境中各个环境因子的数值，并将获得的信息进行分析处理，实现对温室大棚环境的控制，使得温室大棚内的各种环境参数都在最适宜作物生长的环境参数范围内。不但增加了作物的产量，而且提高了作物的品质。因此，将物联网技术应用到温室大棚监控系统中对现代农业智能化的发展具有非常重要的价值。

　　温室自动控制系统是靠传感器来采集农业温室的各环境要素数据，通过数据传输装置将数据信息反馈给与之相连的计算机设备。当然，显示终端不仅只有计算机，智能手机也是当下热门的终端设备，借助物联网技术，可以加快传统温室发展方式的转变，推进农业科技的进步与创新，实现现代物联网温室的精细化生产。

学习目标

【知识目标】

● 了解温室自动控制系统方案的设计原理；

● 掌握温室自动控制系统设备的调试方法。

【技能目标】

● 能实现温室自动控制系统设备调试；

● 能实现温室自动控制系统云平台搭建。

【素质目标】

● 具有良好的文字表达与沟通能力；

● 具有质量意识、环保意识、安全意识；

● 具有信息素养、创新思维、工匠精神；

● 具有较强的集体意识和团队合作精神。

任务1 安装智慧农业温室系统

任务描述

温室自动控制系统方案设计是对温度控制系统的架构进行设计，包括系统功能分析、设备选型组网和设备安装等过程。温度控制系统的主要任务是完成温室中的室内温湿度、CO_2浓度、土壤pH值、烟雾浓度、作物图像数据等环境参数的采集，并通过ZigBee、LoRa等无线传输模块进行信息传输，同时基于4G等通信方式实现数据的云端传输和控制。

温室自动控制系统的设计需要符合温室内生长作物的生长控制需求，且需要依据物联网设计的相关标准。本任务将从设计需求与遵循标准角度进行设计，重点介绍温室物联网系统的系统设计、设备选型和设备安装。

任务分析

温室自动控制系统首先需要完成系统设计、设备选型和安装。根据温室控制要求，需要选择二氧化碳传感器、光电感烟传感器、土壤pH传感器、摄像头等，分别用来监测大棚内的环境参数，具体功能如下：

1）土壤pH传感器：通过土壤pH传感器设备获取温室内的土壤pH值，以便对土壤环境进行监测。

2）光电感烟传感器：通过光电感烟传感器可检测温室内的烟雾浓度。

3）二氧化碳传感器：通过二氧化碳传感器设备获取温室内的二氧化碳和温湿度数据，实现温室CO_2与温湿度数据的监控与管理。

4）摄像头：通过摄像头获取温室内的作物图像数据，实现对作物生长状况、病虫害信息等的动态监测。

温室大棚物联网系统包括传感终端、LoRa无线通信模块、LoRa网关、无线路由、智慧农业云平台和移动端，如图3-1所示。其中二氧化碳传感器、光电感烟传感器、土壤pH传感器通过LoRa无线通信模块和LoRa网关将数据上传到无线路由，摄像头数据直接无线传输到无线路由，无线路由将接收到的信息上传到远程的智慧农业云平台，手机等移动端设备可以通过无线方式访问云平台数据，实现数据的现场监控。

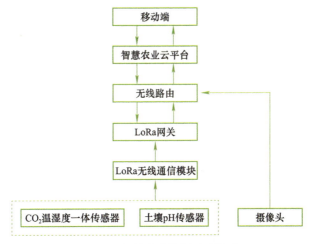

图3-1　智慧农业控制系统组成

步骤一：安装土壤pH传感器

（1）产品概述

土壤pH传感器及传感器节点如图3-2和图3-3所示。该传感器广泛适用于土壤酸碱度检测等需要pH值监测的场合。传感器内输入电源、感应探头、信号输出三部分完全隔离。

图3-2　土壤pH传感器

图3-3　传感器节点

（2）功能特点

本产品探头采用pH电极，信号稳定，精度高，具有测量范围宽、线性度好、防水性能好、使用方便、便于安装、传输距离远等特点。

（3）实验器材

工具：螺钉旋具1套、斜口钳1个、剥线钳1个。

器材：智慧农业实验台、土壤pH传感器、传感器节点、M4螺钉+螺母若干、M3螺钉+螺母若干、M2螺钉+螺母若干、M3螺柱若干、线材若干、扎带若干。

（4）土壤pH传感器参数

1）工作电压：DC 12V。

2）最大功耗：0.5W。

3）量程：3～9pH。

4）精度：±0.3pH。

5）工作温度：-20～60℃，响应时间：≤10s。

6）通信协议：RS485（Modbus协议）。

（5）设备安装

土壤pH传感器尺寸如图3-4所示。智慧农业初级实验安装整体图如图3-5所示。

图3-4　土壤pH传感器尺寸图

传感器及其节点安装参见项目2任务1。

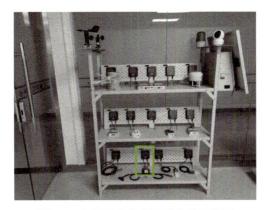

图3-5　智慧农业初级实验安装整体图

（6）导线安装

电源：棕色接12V、黑色接GND；通信线：黄色接DATA1、蓝色接DATA2。

1）使用剥线钳将一体式的4根线上的绝缘胶去掉，如图3-6所示。

2）使用一字螺钉旋具将剥好的线接在传感器节点的端子上，如图3-7所示。

图3-6　绝缘线剥线

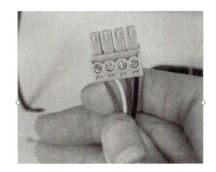

图3-7　接线端子

（7）数据上传

连接平板计算机，步骤详见项目2任务1，数据上传如图3-8所示。

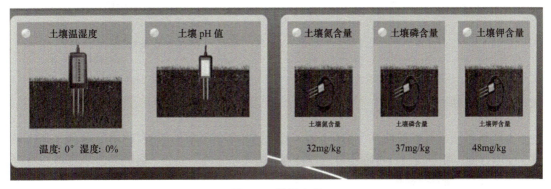

图3-8　数据上传

（8）注意事项

1）测量时探针必须全部插入土壤里。野外使用注意防雷击。

2）勿暴力折弯探针，勿用力拉拽传感器引出线，勿摔打或猛烈撞击传感器。

3）传感器防护等级IP68，可以将传感器整个泡在水中。

4）由于在空气中存在射频电磁辐射，不宜长时间在空气中处于通电状态。

5）传感器节点的数据线DATA1、DATA2线请勿接反。

6）传感器节点电源线请勿接反。

7）传感器节点不要使用超过DC 12V电源进行供电。

8）设备数量过多或布线太长，应就近供电，增加485增强器，同时增加120Ω终端电阻。

9）设备安装尽量以对角方式进行螺钉紧固。

10）布线保持横平竖直，设备布局保持上下对称，左右对齐。

11）安装设备时必须断电。

步骤二：安装二氧化碳传感器

（1）产品概述

该传感器广泛适用于农业大棚、花卉培养等需要二氧化碳、光照度、温湿度等监测的场合。二氧化碳传感器内输入电源、感应探头、信号输出三部分完全隔离，可同时获取二氧化碳、光照度、温湿度等数值。二氧化碳传感器及其节点如图3-9和图3-10所示。

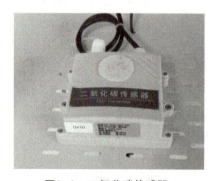

图3-9　二氧化碳传感器

图3-10　传感器节点

（2）功能特点

本产品采用高灵敏度的气体检测探头，信号稳定，精度高，具有测量范围宽、线性度好、使用方便、便于安装、传输距离远等特点。适用于室内、室外，外壳为IPV65材质全防水，可应用于各种恶劣环境。

（3）实验器材

工具：螺钉旋具1套、斜口钳1个、剥线钳1个。

器材：智慧农业实验台、二氧化碳传感器、传感器节点、M4螺钉+螺母若干、M3螺钉+螺母若干、M2螺钉+螺母若干、M3螺柱若干、线材若干、扎带若干。

（4）二氧化碳传感器参数

1）工作电压：DC 10~30V。

2）平均电流：<85mA。

3）CO_2测量范围：400~5000ppm（可定制）。

4）CO_2精度：±（40ppm+3%FS）（25℃）。

5）温度测量范围：-40~80℃。

6）温度精度：±0.5℃。

7）湿度测量范围：0~100%RH。

8）湿度精度：±3%RH。

9）工作温度：-10~+50℃。

10）工作湿度：0~80%RH。

11）数据更新时间：2s。

12）响应时间：90%阶跃变化时一般小于90s。

13）通信协议：RS485（Modbus协议）。

（5）设备安装

二氧化碳传感器尺寸图和外观图如图3-11和图3-12所示。智慧农业初级实验安装整体图如图3-13所示。

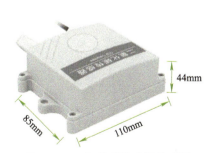

图3-11　二氧化碳传感器尺寸图

图3-12　二氧化碳传感器外观图

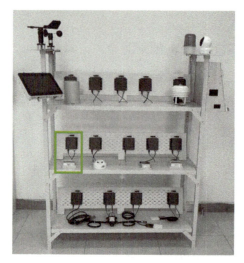

图3-13　智慧农业初级实验安装整体图

传感器及其节点安装步骤参见项目2任务1。

（6）导线安装

电源：棕色接DC 12V、黑色接GND；通信线：黄色接A、蓝色接B。

1）使用剥线钳将一体式的4根线上的绝缘胶去掉，如图3-14所示。

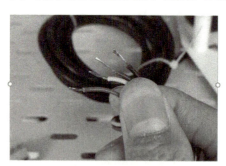

图3-14　绝缘线剥线

2）使用一字螺钉旋具将剥好的线接在传感器节点的端子上，如图3-15所示。

图3-15　接线端子

（7）数据上传

连接平板计算机步骤详见项目2任务1，数据上传如图3-16所示。

（8）注意事项

1）传感器节点的数据线A、B线请勿接反。

2）传感器节点电源线请勿接反。

3）传感器节点不要使用超过DC 12V电源进行供电。

4）设备数量过多或布线太长，应就近供电，增加485增强器，同时增加120Ω终端电阻。

5）设备安装尽量以对角方式进行螺钉紧固。

6）布线保持横平竖直，设备布局保持上下对称，左右对齐。

7）安装设备时必须断电。

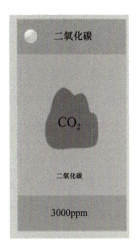

图3-16 数据上传

步骤三：安装光电感烟传感器

（1）产品概述

PR-3000-YG-N01是一款光电式的火灾烟雾探测报警器，通过性能优良的光电探测器来检测火灾产生的烟雾进而实现火灾报警。相较于其他火灾烟雾检测的方式，光电式检测具有稳定度高、鉴定灵敏等特点。报警器内置指示灯与蜂鸣器，预警后可以发出强烈声响。同时报警器采用标准的485信号输出，支持标准的Modbus-RTU协议。光电感烟传感器及其节点分别如图3-17和图3-18所示。

图3-17 光电感烟传感器

图3-18 传感器节点

（2）功能特点

本产品采用光电式探测，工作稳定、外形美观、安装简单、无需调试，可广泛应用于商场、宾馆、仓库、机房、住宅等场所进行火灾安全检测。探测盒周围有金属防虫网，提高使用寿命。

（3）实验器材

工具：螺钉旋具1套、斜口钳1个、剥线钳1个。

器材：智慧农业实验台、光电感烟传感器、传感器节点、M4螺钉+螺母若干、M3螺钉+螺母若干、M2螺钉+螺母若干、M3螺柱若干、线材若干、扎带若干。

（4）光电感烟传感器参数

1）工作电压：DC 10～30V。

2）静态功耗：0.12W。

3）报警功耗：0.7W。

4）报警声响：≥80dB。

5）烟雾灵敏度：1.06±0.26%ＦＴ。

6）工作环境：-10～50℃，≤95%，无凝露。

7）信号输出：RS485（Modbus协议）。

（5）设备安装

光电感烟传感器壳体尺寸如图3-19所示。智慧农业初级实验安装整体图如图3-20所示。

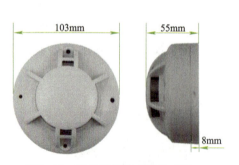

图3-19　光电感烟传感器尺寸图

图3-20　智慧农业初级实验安装整体图

1）在安装光电感烟传感器之前，顺时针旋转将传感器的盖子取下，放在一边，底座如图3-21所示。

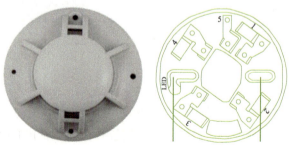

图3-21　底座

2）使用2PCS M3螺钉固定在底座上，螺母从另外一面进行安装，如图3-22所示。

图3-22　螺钉螺母安装

（6）导线安装

电源：棕色接DC 12V、黑色接GND；通信线：黄色接DATA1、蓝色接DATA2。

1）使用剥线钳将一体式的4根线上的绝缘胶去掉，如图3-23所示。

2）使用一字螺钉旋具将剥好的线接在传感器节点的端子上，如图3-24所示。

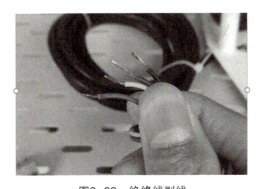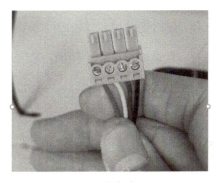

图3-23　绝缘线剥线　　　　　　　　　图3-24　接线端子

（7）数据上传

连接平板计算机步骤详见项目2任务1，数据上传如图3-25所示。

（8）注意事项

1）传感器节点的数据线DATA1、DATA2线请勿接反。

2）传感器节点电源线请勿接反。

3）传感器节点不要使用超过DC 12V电源进行供电。

4）设备数量过多或布线太长，应就近供电，增加485增强器，同时增加120Ω终端电阻。

5）设备安装尽量以对角方式进行螺钉紧固。

6）布线保持横平竖直，设备布局保持上下对称，左右对齐。

图3-25　数据上传

7）安装设备时必须断电。

步骤四：安装摄像头

（1）产品概述

摄像头（Camera或WebCAM）是一种视频输入设备，属闭路电视的一种，被广泛运用于视频会议、远程医疗及实时监控等方面。

摄像头一般具有视频摄影、传播和静态图像捕捉等基本功能，是借由镜头采集图像后，由摄像头内的感光组件电路及控制组件对图像进行处理并转换成计算机所能识别的数字信号，然后借由并行端口、USB连接，输入到计算机后由软件再进行图像还原，从而形成画面。

（2）功能特点

该产品支持无线/有线网络、隐私保护，具备1080P高清摄像头、16GB内存卡和360°旋转，同时具备自动跟踪系统。该产品适用于家庭安防监控，农场监控等领域。

（3）实验器材

工具：螺钉旋具1套、斜口钳1个、剥线钳1个。

器材：智慧农业实验台、摄像头、M4螺钉+螺母若干、M3螺钉+螺母若干、M2螺钉+螺母若干、M3螺柱若干、线材若干、扎带若干。

（4）摄像头参数

1）工作电压：配有专用适配器。

2）内存容量：16GB。

3）分辨率：1080P。

4）焦距：4mm。

（5）设备安装

1）使用2PCS、M2螺钉、螺母将摄像头底座安装在格板上，螺母从另外一面进行紧固，将摄像头安装在底座上，如图3-26所示。

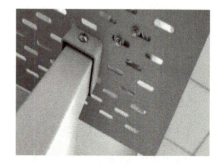

图3-26　螺钉螺母安装

2）将网线插在摄像头上的网口，如图3-27所示。

3）将电源适配器接入摄像头的电源接口，如图3-28所示。

（6）软件安装

1）扫描摄像头上的二维码关注"萤石云视频"客户端，如图3-29所示。

2）登录"萤石云视频"客户端，注册完毕后添加设备，如图3-30所示。

图3-27　网口安装

图3-28　电源适配器安装

图3-29　扫描二维码

图3-30　客户端添加设备

（7）注意事项

1）指示灯。

红色常亮：启动中　　　　　　　　蓝色慢闪：正常工作

红色慢闪：网络中断　　　　　　　蓝色快闪：配网模式

红色快闪：设备故障

2）Micro SD卡。向上转动球体，插入Micro SD卡，并登录"萤石云视频"初始化后再使用。

3）<REST>键。长按5s，设备重启并恢复出厂设置。

4）设备数量过多或布线太长，应就近供电，增加485增强器，同时增加120Ω终端电阻。

5）设备安装尽量以对角方式进行螺钉紧固。

6）布线保持横平竖直，设备布局保持上下对称，左右对齐。

7）安装设备时必须断电。

知识补充

温室自动控制系统属于设施智慧农业应用技术，温室大棚能透光、保温（或加温），且温室大棚多用于低温季节喜温的蔬菜、花卉、林木等的栽培或育苗等。温室依据不同的屋架材料、采光材料、外形及加温条件等，又可分为很多种类，如玻璃温室、塑料温室，单栋温室、连栋温室，单屋面温室、双屋面温室，加温温室、不加温温室等温室结构。温室大棚应密封保温，但又应便于通风降温。现代化温室中具有控制温、湿度，光照等条件的设备，生产者用计算机自动控制，创造农作物植物所需的最佳环境条件。

根据温室内作物生长的气候条件，创造一个人工气象环境，系统定时测量风向、风速、温度、湿度、光照、气压、雨量、太阳辐射量、太阳紫外线、土壤温湿度等农业环境要素。与此同时，系统一方面通过串口传输方式将数据融合到现场中控设备进行作物生长要求本地估算、显示与报警；另一方面通过无线模块将信息同步至中央机房，中心根据多因子决策模型计算结果和专家知识库建议远程智能控制开窗（顶窗、侧窗）、卷膜、加温、排气扇、风机、湿帘、生物补光以及喷淋灌溉等环境控制设备，实现温室环境自动调控，达到适宜植物生长的条件，为植物生长提供最佳环境，系统示意图如图3-31所示。

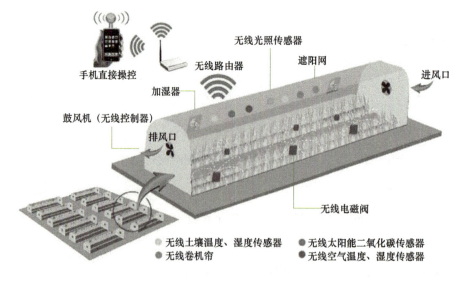

图3-31 系统示意图

1．绘制温室控制系统的组网拓扑图。

2．常用的无线传输协议有哪些？各有什么特点？

任务2　调试温室自动控制系统

任务描述

　　调试温室自助控制系统需要完成网络设备调试和传感器节点调试。网络设备调试需要掌握路由器五种网络接入模式，并掌握路由器调试方法。传感器节点调试需要掌握常用传感器调试方法，掌握LoRa节点的调试和LoRa网关的调试方法。

任务分析

　　传感器节点调试的主要任务是实现二氧化碳传感器、土壤pH传感器、光电感烟传感器、网络摄像头等传感器设备入网。

　　网络设备调试包括智慧农业网络系统调试、传感器节点网络调试、网关和本地终端设备的有线连接、网关和本地终端的无线连接以及网关和云端连接。

任务实施

1．调试传感器节点

　　二氧化碳传感器、土壤pH传感器和光电感烟传感器采用485通信，传感器的调试方式都是一样的，主要就是对LoRa节点的调试，节点入网以后就可以将传感节点数据无线传输给网关。

　　（1）实验器材及环境

　　智慧农业实验台、土壤pH传感器、二氧化碳传感器、光电感烟传感器、LoRa节点10个、LoRa网关1个、平板计算机或手机。

（2）调试步骤

1）节点程序下载。

① 硬件连接。准备好一根Mini USB数据线将节点和计算机连接起来，如图3-32所示。

② 连接SmartNE。在使用SH-Config软件配置前，需要将SmartNE连接到计算机，使用Mini USB数据线连接SmartNE调试接口和计算机USB接口，在计算机中查看连接如图3-33所示。

2）SH-Config。启动SH-Config，选择SmartNE连接的串口号，波特率设为115200，8位数据，无校验，1个停止位，勾选"字符显示""字符发送"和"接收换行"，单击"打开串口"，如图3-34所示。

进入"节点配置"控件，如图3-35所示。

图3-32　节点和计算机连接

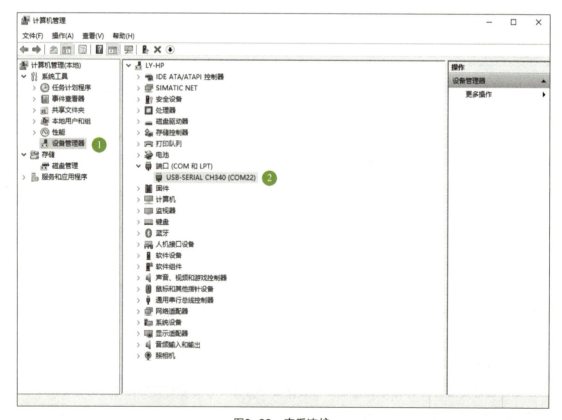

图3-33　查看连接

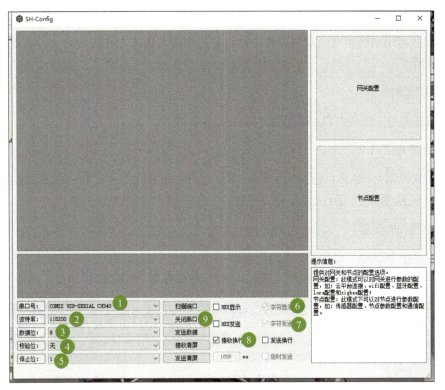

图3-34　启动SH-Config

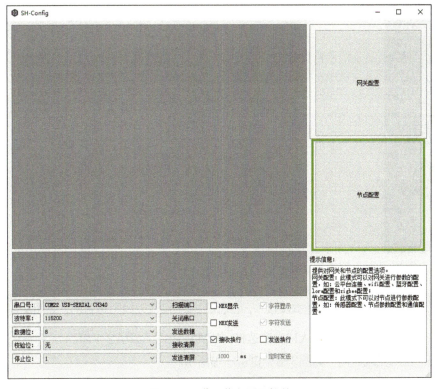

图3-35　进入节点配置控件

2．调试智慧农业网络系统

智慧农业网络系统调试是在掌握路由器五种网络接入模式方法的基础上，实现路由器的无限配置组网。

（1）实验器材

150M迷你型无线路由TL-WR702N 1个。

（2）调试方法

五种模式分别为：AP（无线接入点）、Router（无线路由）、Client（无线客户端）、Repeater（无线中继）、Bridge（无线桥接）。这里介绍AP和Bridge模式。

1）AP模式的设置。

① 无线路由器通电，操作计算机连接网络，在浏览器中输入192.168.1.1（可查看路由器背面的标注），输入用户名和密码为：admin，进入管理界面，如图3-36所示。

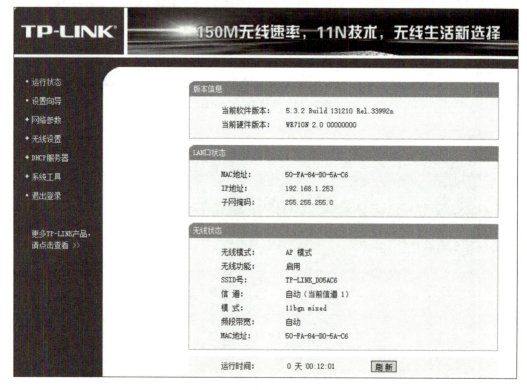

图3-36　AP模式设置管理界面

② 进入"无线设置"→"基本设置"，在SSID号中设置无线网络名称，如图3-37所示。

③ 进入无线安全设置，在认证类型选择"WPA-PSK/WPA2-PSK"，并在PSK密码中设置不少于8位的无线密码，如图3-38和图3-39所示。

④ 单击"DHCP服务器"，选择"不启用"，如图3-40所示。

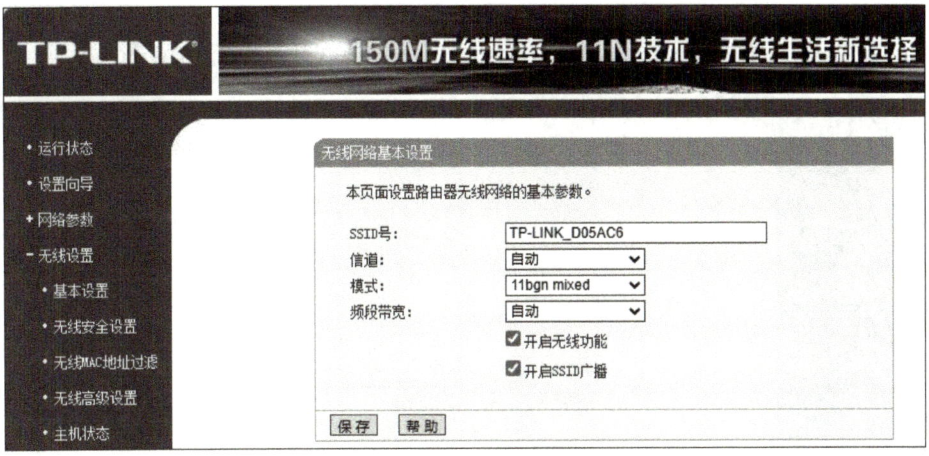

图3-37　无线网络名称设置

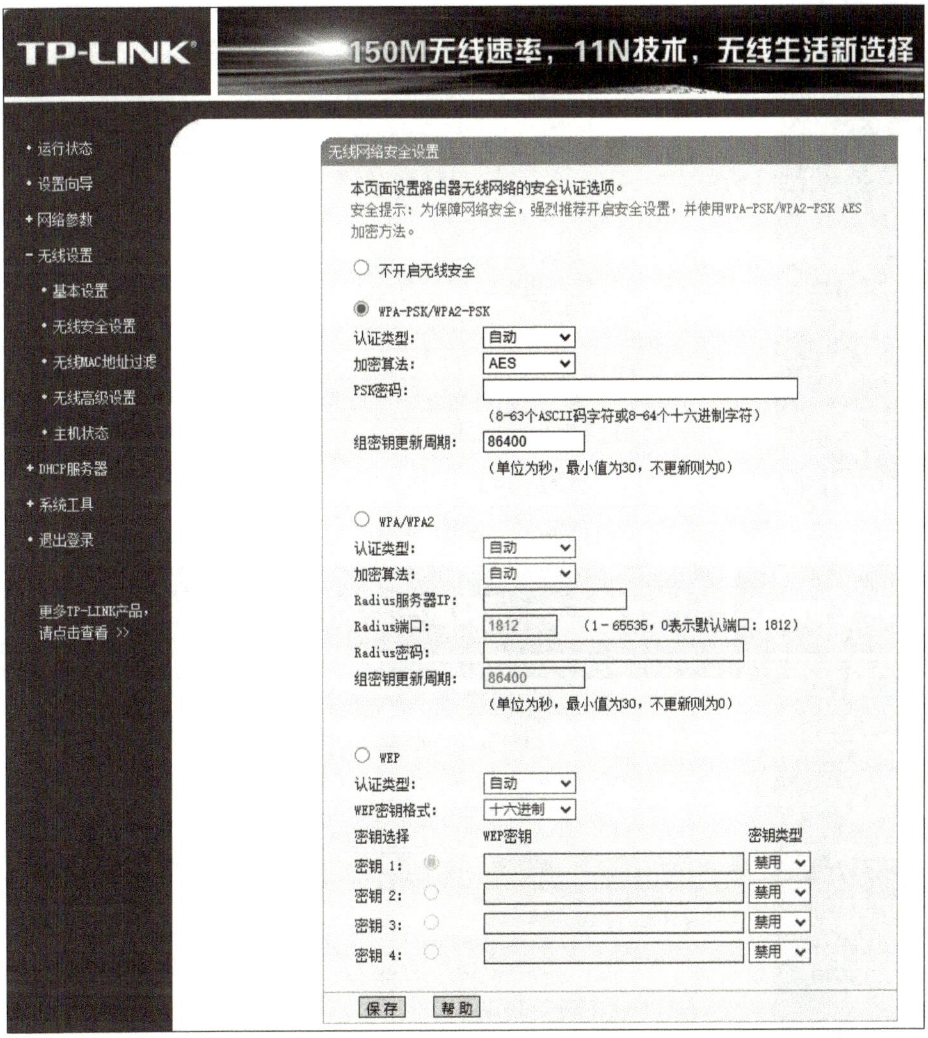

图3-38　进入无线安全设置

TP-LINK® 150M无线速率，11N技术，无线生活新选择

- 运行状态
- 设置向导
- 网络参数
- 无线设置
  - 基本设置
  - 无线安全设置
  - 无线MAC地址过滤
  - 无线高级设置
  - 主机状态
- DHCP服务器
- 系统工具
- 退出登录

更多TP-LINK产品，
请点击查看 >>

无线网络安全设置

本页面设置路由器无线网络的安全认证选项。

安全提示：为保障网络安全，强烈推荐开启安全设置，并使用WPA-PSK/WPA2-PSK AES 加密方法。

○ 不开启无线安全

● WPA-PSK/WPA2-PSK
认证类型：　　　自动
加密算法：　　　AES
PSK密码：　　　12345678
　　　　　　　　(8-63个ASCII码字符或8-64个十六进制字符)
组密钥更新周期：86400
　　　　　　　　(单位为秒，最小值为30，不更新则为0)

○ WPA/WPA2
认证类型：　　　自动
加密算法：　　　自动
Radius服务器IP：
Radius端口：　　1812　　(1-65535，0表示默认端口：1812)
Radius密码：
组密钥更新周期：86400
　　　　　　　　(单位为秒，最小值为30，不更新则为0)

○ WEP
认证类型：　　　自动
WEP密钥格式：　十六进制
密钥选择　　　　WEP密钥　　　　　　　　　　密钥类型
密钥 1：●　　　　　　　　　　　　　　　　　禁用
密钥 2：○　　　　　　　　　　　　　　　　　禁用
密钥 3：○　　　　　　　　　　　　　　　　　禁用
密钥 4：○　　　　　　　　　　　　　　　　　禁用

保存　帮助

图3-39　设置PSK密码

TP-LINK® 150M无线速率，11N技术，无线生活新选择

- 运行状态
- 设置向导
- 网络参数
- 无线设置
- DHCP服务器
  - DHCP服务
  - 客户端列表
  - 静态地址保留
- 系统工具
- 退出登录

DHCP服务

本路由器内建的DHCP服务器能自动配置局域网中各计算机的TCP/IP协议。

DHCP服务器：　　●不启用　○启用　○自动
地址池开始地址：192.168.1.100
地址池结束地址：192.168.1.199
地址租期：　　　120　　　分钟　(1～2880分钟，缺省为120分钟)
网关：　　　　　0.0.0.0　　　　(可选)
缺省域名：　　　　　　　　　　(可选)
首选DNS服务器：0.0.0.0　　　　(可选)
备用DNS服务器：0.0.0.0　　　　(可选)

保存　帮助

图3-40　DHCP服务器设置

⑤ 进入"网络参数"→"LAN口设置"，将IP地址修改为与主路由器的LAN口IP在同一网段但不冲突。比如前端路由器的IP地址为192.168.1.1，那么无线路由器的IP地址修改为192.168.1.x（x位于2～254之间）。保存并重启路由器，如图3-41所示。

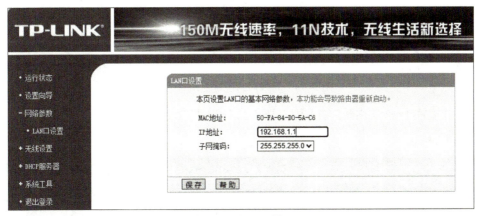

图3-41　LAN口设置

2）无线桥接模式的设置。

① 访问地址192.168.1.1，用户名和密码都是：admin，如图3-42所示。

图3-42　访问地址

② 选择无线设置，在Bridge的前面打钩，输入另外一个路由的MAC地址（MAC地址在路由器底部有表示），如图3-43所示。

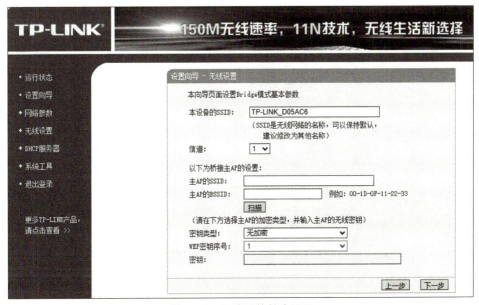

图3-43　无线网络基本设置

③ 输入时请注意MAC格式是"××-××-××-××-××"，每2位数中间要使用"-"分隔。等路由重启后，关闭路由器，如图3-44所示。

图3-44　无线网络设置提示对话框

④ 再连接另外一个路由器，输入192.168.1.1进入路由设置，将IP地址改成192.168.1.2，如图3-45所示。

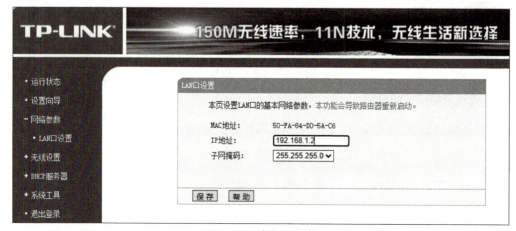

图3-45　路由器连接

⑤ 在Bridge的前面打勾，输入另外一个路由的MAC地址（MAC地址在路由器底部），如图3-46所示。

图3-46　输入MAC地址

（3）注意事项

1）在无线桥接模式中，关闭第二个路由的DHCP服务器，第一个路由器服务器就可以使用了，如图3-47所示。

2）计算机可以设置成动态获取IP地址。

3）如果没有固定的IP地址，网关必须设置为第一个路由的网关，一般是192.168.1.1。

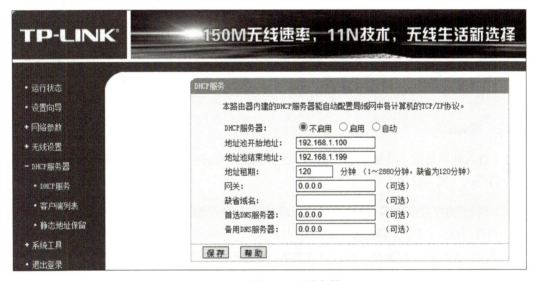

图3-47　关闭DHCP服务器

（4）常见问题

1）如果不能上网，请检查自己的服务器IP是否设置错误。

2）如果之前的路由器有配置过网络，长按<REST>键10s之后，看见灯迅速闪烁，就可以重新配网了，如图3-48所示。

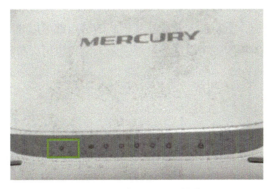

图3-48　路由器指示状态

3．调试传感器节点网络

传感器节点的网络配置主要是将节点加入网关，让网关可以接收到传感器节点上传的传感器数据，传感器节点和网关的配网有三种方式。

（1）上位机配网

1）首先设置网关的通信速率信道，只有通信速率和信道一致的设备才能相互通信，利用通信速率和信道就可以将节点分配到不同的网关。网关带有可以交互的5寸电容显示屏，单击"网络设置"就可以看到网关通信速率和信道的设置信息。通信速率的选择范围为1～10，一般默认为10，信道的设置范围为1～127，设置好信道以后，节点只要满足速率和信道一致就可以和网关通信了。

2）传感器由于没有直接可以交互设置的显示屏所以需要用Mini USB数据线将节点和计算机连接，连接好以后确保计算机已经安装了驱动，然后打开智慧农业配置软件，选择"网络信息设置"，将节点的通信速率和通信信道设置成和需要连接的网关一致就可以了。

（2）网关配网

1）进入网络设置，设置好通信速率和通信信道，然后单击进入有线配网模式，网关的配网指示灯慢闪，网关就进入有线配网模式了。

2）用4P的连接线将网关的传感器接口和节点的传感器接口连接，双击节点上的配网按键，节点慢闪进入有线配网模式，此时节点和网关就会同步网络信息，网络信息同步成功后，节点和网关的网络指示灯常亮，说明配网成功，单击配网按键退出配网模式。

（3）无线配网

1）进入网络设置，设置好通信速率和通信信道，然后单击进入无线配网模式，网关的配网指示灯快闪，网关就进入无线配网模式了，注意网关进入无线配网模式以后，周围所有进入无线配网的节点都会加入该网关，所以在配置同一套设备的时候最好是同一套设备的节点进入无线配网模式的，网关也是一样。

2）长按配网按键进入无线配网模式，网络指示灯快闪，此时进入无线配网模式的网关会广播自己的通信速率和信道，所有进入无线配网模式的节点都可以收到网络信息，然后发送自己的设备信息和地址给网关，网关可以选择全部设备入网，也可以单独选择某个设备入网，或者拒绝其入网。

4. 网关和本地终端设备的有线连接

本地终端设备（平板计算机）主要用来管理节点数据，节点的传感器数据在发送到网关以后，网关可以连接本地终端，这样本地终端就可以接收到传感器数据了，可以在本地终端查看具体的传感器的具体参数，也可以下发控制数据。

本地终端设备可以采用Type-C转Mini USB的连接线将本地终端设备和网关连接起来，Mini USB公口连接网关的Debug接口就可以了，连接好以后在本地终端打开智慧农业管理软件，然后在设备管理里面选择USB端口，连接波特率设置为115200，这时打开管理软件主页就可以看到传感器的数据了，也可以下发控制数据控制相应的节点。

5. 网关和本地终端的无线连接

网关可以和本地终端设备采用Wi-Fi进行连接，这样就可以和本地终端设备形成一个局域网，如果网关和本地终端设备连接的路由器连接了外网数据，就可以传输到外部网络了。

首先设置好路由器的名称和密码，在网关端单击进入"网络设置"→"Wi-Fi"设置，输入需要连接的Wi-Fi名称和密码，设置服务器的IP地址和端口，然后单击连接，网络连接成功后，Wi-Fi的网络状态会变成连接成功。

本地终端同样需要连接路由器，必须要和网关连接同一个路由器。打开智慧社区管理软件，单击"网络设置"，选择需要连接的Wi-Fi名称，输入Wi-Fi密码，同样需要设置服务器的IP地址和端口和网关一致，然后单击"连接网络"，连接成功后显示网络连接成功的状态，这时打开管理软件主页就可以看到传感器的数据了，也可以下发控制数据控制相应的节点。

6. 网关和云端连接

网关可以直接和云端进行连接，网关采集到的传感器数据就可以直接上传到云端，不过在此之前需要保证路由器是连接外网的。

首先设置好路由器的名称和密码，在网关端单击进入"网络设置"→"Wi-Fi"设置，输入需要连接的Wi-Fi名称和密码，设置云端服务器的IP地址和端口，然后单击连接，网络连接成功后，Wi-Fi的网络状态会变成连接成功。

知识补充

1. 无线接入点（AP）模式

在此模式下，设备相当于一台无线交换机，可实现无线之间、无线到有线、无线到广域网络的访问。最常见的能够提供无线客户端的接入，例如无线网卡接入等。AP模式可以简单地把有线的网络传输转换为无线传输。如果已经有了一台有线路由器，又想使用无线网络的话，那么这种方式刚好可以。

2. 无线桥接（Bridge）模式

无线桥接技术是一种局域网络无线连接的技术，是无线射频技术和传统的有线网桥技术相结合的产物，它可以无缝地将相隔数十公里的局域网络连接在一起，创建统一的企业或城域网络系统。无线桥接技术在最简单的网络构架中，网桥的以太网端口连接到局域网中的某个集线器或交换机上，信号发射端口则通过电缆和天线相连接，通过这样的方式实现网络系统的扩展。无线桥接（WDS）功能可以将无线网络通过无线进行扩展，只需简单设置即可实现无线扩展、漫游的需求。

1．路由器五种网络接入模式的特点分别是什么？

2．传感器节点调试需要配置哪些参数？

任务3　应用温室自动控制系统云平台

任务描述

温室自动控制系统是一种专门为农业温室、农业环境控制、气象观测开发生产的环境自动控制系统。

在云平台上创建一个温室自动控制系统，通过云平台实现温室自动控制系统的实时显示与控制。

任务分析

云平台的实现包括项目创建、设备添加和系统调试等部分。在物联网平台创建项目后，需要添加温室自动控制系统的相关设备和基础参数。然后对设备进行网络通信参数配置并进行系统调试连接，最后进行系统的综合测试。

任务实施

1．新建项目

物联网平台是阿里云IoT的控制台，阿里云上有关物联网的操作，都必须在该平台上进行，如本书中提到的产品创建、设备添加、服务创建等。

打开谷歌浏览器，输入网址https://iot.aliyun.com并登录。在控制台主页面，单击"立即创建"按钮，在弹出的"新建项目"对话框中，可填写"项目名称"和"项目类型"，然后在"项目管理"中创建项目，如图3-49所示。

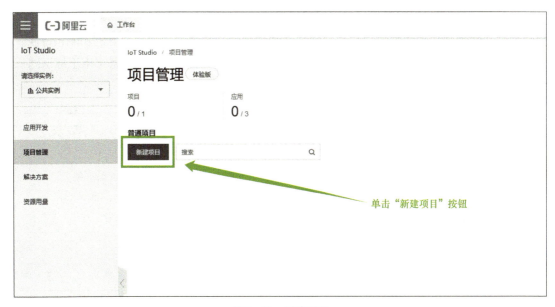

图3-49　创建项目

2. 添加设备

登录并进入物联网平台控制台，在左侧导航栏选择"设备管理"→"产品"，如图3-50所示。单击"创建产品"，弹出"新建产品"提示框。

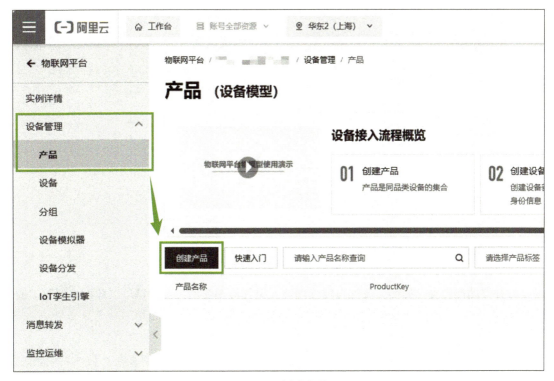

图3-50　创建产品

登录并进入物联网平台控制台，在左侧导航栏选择"设备管理"→"设备"，单击"添加设备"，选择一个已创建的产品。选择后，新建的设备将继承该产品定义好的功能和特性。设备名称填入DeviceName，如果不填，系统将自动生成名称用以标识设备（用于标识同一产品下的多个设备），如图3-51所示。

图3-51　添加设备

　　在"添加设备"界面，设置"产品""DeviceName"和"备注名称"等设备信息，如图3-52所示。

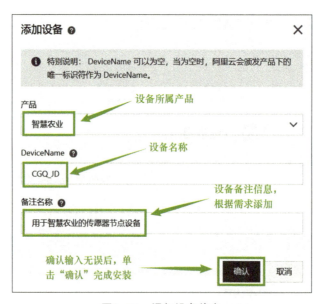

图3-52　添加设备信息

　　打开"功能定义"界面，添加自定义功能。设置传感器的"标识符""数据类型""取值范围""步长""单位"和"读写类型"，如图3-53所示。

　　继续创建产品"二氧化碳传感器"，如图3-54所示。

　　在"添加设备"界面，设置"产品名称""DeviceName"和"备注名称"等信息，如图3-55所示。

图3-53 添加自定义功能

图3-54 创建产品"二氧化碳传感器"

图3-55　添加设备

　　打开"功能定义"界面，编辑草稿，添加自定义功能。设置传感器的"标识符""数据类型""取值范围""步长""单位"和"读写类型"，如图3-56和图3-57所示。

图3-56　打开"功能定义"界面

图3-57　添加设备信息

　　创建产品"摄像头"，设置节点类型为"直连设备"，设置连网方式为Wi-Fi，数据格式为"ICA标准数据格式"，如图3-58所示。

　　打开"设备"界面，单击"设备模拟器"下的"调试虚拟设备"，如图3-59所示。

　　打开"应用开发"界面，单击"Web"应用，完成传感器界面设计，如图3-60～图3-62所示。

图3-58　创建产品"摄像头"

图3-59　设备调试

图3-60 单击"Web应用"

图3-61 单击"编辑"

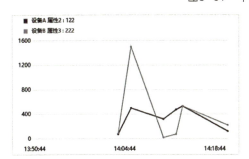

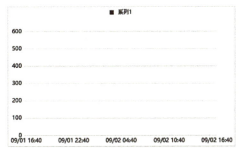

图3-62 传感器界面设计

知识补充

阿里云物联网平台是应用最广泛的物联网云平台之一，支撑设备数据采集上云，向上提供云端API，服务端通过调用云端API将指令下发至设备端，实现远程控制，物联网平台消息通信流程图如图3-63所示。

图3-63　物联网平台消息通信流程图

阿里云物联网平台能够实现设备消息的完整通信流程，包括设备端的设备开发、云端服务器的开发（云端SDK的配置）、数据库的创建、手机App的开发。

物联网平台消息通信链路包括上行数据链路和下行指令链路。

1．上行数据链路

设备通过MQTT协议与物联网平台建立长连接，上报数据（通过Publish发布Topic和Payload）到物联网平台。

可配置规则引擎，编写SQL对上报数据进行处理，并配置转发规则，将处理后的数据转发到RDS、表格存储、函数计算、TSDB、企业版实例内的时序数据存储、DataHub、消息队列RocketMQ等云产品中，或通过AMQP消费组流转到ECS服务器上。

2．下行指令链路

ECS业务服务器调用基于HTTPS的API接口Publish，给Topic发送指令，将数据发送到物联网平台。

物联网平台通过MQTT协议，使用Publish发送数据（指定Topic和Payload）到设备端。

思考练习

在产品下新建设备，将设备名称命名为"IoT_agriculture+准考证号后四位"并添加相应的任务描述。

考核技能点及评分方法

集成和应用智慧农业温室系统考核技能点及评分方法见表3-1。

表3-1　集成和应用智慧农业温室系统考核技能点及评分方法

序号	工作任务	考核技能点	评分方法	分值	分数
1	安装智慧农业温室系统	能够识别温室自动控制系统相关设备	能够识别温室自动控制系统传感器、控制器、连接器、执行器、网关等系统设备	5	
2		能够根据项目需求，对温室自动控制系统传感器正确选型配置	传感器选型；执行机构选型；网络设备选型	5	
3		根据设计方案，按照施工规范，进行温室自动控制系统综合布线	线缆布置美观、安装工艺规范；线缆标志清晰	10	
4		能正确安装物联网温室自动控制系统传感器设备和执行机构设备	传感器、执行机构布局位置合理；安装过程操作规范；安装工具使用规范	20	
5		能正确安装物联网温室自动控制系统网络设备	根据设计方案，安装温室自动控制系统网络网关、网络节点、网络线路	20	
6	调试温室自动控制系统	能够根据项目需求，对温室自动控制系统传感器正确配置调试	二氧化碳传感器组网配置；土壤pH传感器组网配置；火灾烟雾探测报警器组网配置；网络摄像头组网配置；组网联调数据链路畅通	10	
7		能够根据项目需求，对温室自动控制系统执行机构正确配置调试	执行机构继电器控制模块组网配置；组网联调数据链路畅通	10	
8		根据设计方案，按照组网通信图，连接调试网络系统，设置网关参数	能根据项目需求，对组网系统网关参数进行设置，实现数据链路畅通	10	
9	应用温室自动控制系统云平台	根据设计方案，调试智慧农业系统平台软件，形成系统应用	云平台项目创建、设备添加、和系统调试，能够实现温室现场数据的云端显示和控制	10	
总　　分				100	

项目 ④
集成和应用智慧农业灌溉系统

项目背景

在众多的水资源消费中，农业用水所占比重最大。据不完全统计，农业用水占水资源消费的62%左右，现在农业灌溉普遍采用传统的人工灌溉方式，常见的就是大水漫灌的形式，此方式不仅浪费严重、利用率低，还容易造成土壤的盐碱化，降低农作物的产量与质量。

为响应国家战略、提高农民收入和提升农作物质量，智慧农业灌溉系统的研究和普及显得十分重要。获取足够且精准的数据变成了智慧农业灌溉系统的重点。为从根本上解决这一问题，需要从历史灌溉数据着手，并集中利用专家经验获取有效的灌溉数据。此项技术的普及能切实地让农民更直观地了解种植作物的情况。此外，通过对作物相关信息精细化的监测、控制和处理，能够为农作物创造一个更有利的生长环境。通过对智慧农业灌溉系统的利用，人们能精准预测出不同土壤、不同环境、不同作物以及同一作物不同时期的灌溉量，使农作物从育苗到收获始终处于最适宜的环境。智慧农业灌溉系统的研究和普及是发展现代农业的一个重要方向，受重视程度日益提升，对提升我国农业现代化的进程有着显著的促进作用。

虽然传统的灌溉方法也能给农作物补充水分，但是其不能根据农作物的需求进行灌溉，只能依靠人为经验去控制；传统的灌溉方法不仅需要耗费巨大的人工操作和监管成本，还对水资源和农作物用肥的浪费十分严重；此外，传统的灌溉方法不考虑农田环境的蒸腾量，因此灌溉时只有等到农作物缺水后再灌溉补水，补水不及时会造成农作物的代谢迟缓，导致农作物的品质变差。

随着物联网技术的不断发展，智能化、无线化和网络化成为未来农业的发展方向。本项目介绍的智慧农业灌溉系统将LoRa无线通信技术与智慧农业灌溉技术相结合，通过无线自组网控制田地的灌溉并实时监测土壤墒情，将土壤墒情信息通过无线的方式传送至云端。智慧农业灌溉系统可在历史数据和各种传感器监测下对农作物进行精准灌溉，为农作物成长提供良好的生长环境。智慧灌溉可自动灌溉、施肥，所需人力甚少，人们可远程监测农田内的环境参数，实时了解农田内情况。智慧农业灌溉系统可提高灌溉用水的利用率，起到合理、有效、充分利用区域水资源的目的。

学习目标

【知识目标】

- 了解智慧农业灌溉系统方案设计原理；
- 熟悉智慧农业灌溉系统中传感器的特点和基本参数；
- 掌握智慧农业灌溉系统设备安装与调试；
- 掌握在物联网云平台上创建智慧农业灌溉系统项目。

【技能目标】

- 能够依据智慧农业灌溉系统的特点选取合适的传感器；
- 能够识读传感器电路原理图和技术手册；
- 能够根据系统需求完成设备的安装和调试；
- 能够在物联网云平台创建智慧农业灌溉系统项目。

【素质目标】

- 具有良好的文字表达与沟通能力；
- 具有质量意识、环保意识、安全意识；
- 具有信息素养、创新思维、工匠精神；
- 具有较强的集体意识和团队合作精神。

任务1　安装智慧农业灌溉系统

任务描述

根据智慧农业灌溉系统的需求完成系统方案的设计，包括传感器的选择、系统的组成，实现对土壤墒情的远程监测及灌溉设备的远程智能控制。

任务分析

　　智慧农业灌溉系统应充分结合现阶段的市场需求进行设计，融合多种现代化的技术是该系统的主要特点，系统设计的要求如下：

　　（1）实用性　在智慧农业灌溉系统设计方面，应当注重实用性这一切实原则，在操作方面应当避繁就简才能更受用户欢迎。在使用智慧农业灌溉系统时，应当不仅能在灌溉现场进行操作，也可以在农民家里进行操作，突破地形的限制，跨越区域的控制，提升灌溉系统操作的便捷性，一旦灌溉系统形成体系，完全可以做到"一人操作，万亩齐驱"的景象，从而减少劳动力的投入。

　　（2）实时性　主要对象是需要灌溉的大面积农田，自然的农业大田时刻受着外界环境的影响，且基本不受操控，不像农业大棚处于内部环境相对稳定的封闭环境，也可以在外界的干预下自主调节。因此，需要融合无线传输技术和传感器技术，实时地将农业大田的数据传输到存储中心等待处理。

　　（3）记忆性　农业大田的区域相对比较大，在大范围内需要监测的相关数据也比较多，只有将这些数据有效地存储起来，才能进一步研究这些数据背后的规律，以便制定相关的灌溉策略。

　　（4）可靠性　系统中包括无线传输系统和传感器系统，这两种系统的有机融合，使各个传感采集节点和集控中心无障碍进行双向数据交换，可提高整个网络系统的稳定性和可靠性。

　　（5）智能化　智慧农业灌溉系统能够在缺少人力的情况下，让设备根据农作物的生长需要自动地进行精准灌溉，做到用最少的水量完成最优的灌溉，满足农作物的生长需求，同时实现节约水资源，让系统更智能化。

任务实施

　　智慧农业灌溉系统设计采用了LoRa无线扩频通信、无线Wi-Fi和有线通信网作为数据通信网络。远程智慧农业灌溉系统从功能结构上可以分为四部分：传感器采集系统、灌溉系统、云平台系统和移动监控端。传感器采集系统由土壤pH传感器、土壤氮磷钾传感器、投入式液位传感器及LoRa无线通信模块组成，将采集到的土壤情况信息通过LoRa无线上传至LoRa网关，LoRa网关将传感器数据上传至智慧农业云平台，将数据在Web端显示，同时移动监控端可访问智慧农业云平台，将传感器数据在移动端上显示，农民可远程监测土壤状况。灌溉系统主要是直流吸水泵，农民根据土壤状况，通过移动监控端及Web端将控制指令下发给智慧农业云平台，智慧农业云平台将控制指令转发至LoRa网关，LoRa网关进一步将控制指令转发至LoRa无线通信模块，控制直流吸水泵的开关，实现灌溉的远程控制。智慧农业灌溉系统整体结构框图如图4-1所示，采用LoRa无线通信避免了田间布线，且传输距离较远。

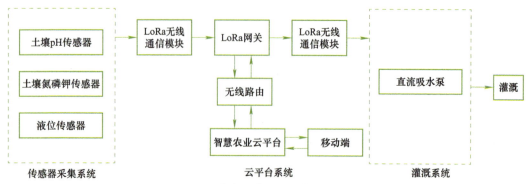

图4-1　智慧农业灌溉系统整体结构框图

步骤一：安装土壤pH传感器

（1）工具与器材

工具：螺钉旋具1套、斜口钳1个、剥线钳1个。

器材：智慧农业实验台、土壤pH传感器、传感器节点、M4螺钉+螺母若干、M3螺钉+螺母若干、M2螺钉+螺母若干、M3螺柱若干、线材若干、扎带若干。

（2）传感器参数

1）工作电压：DC 12V。

2）最大功耗：0.5W。

3）量程：3～9pH。

4）精度：0.3pH。

5）工作温度：-20～60℃。

6）响应时间：≤10s。

7）通信协议：RS485（Modbus协议）。

（3）设备安装

土壤pH传感器尺寸图及实物图如图4-2和图4-3所示。

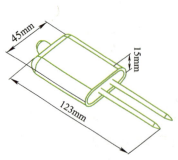

图4-2　土壤pH传感器尺寸图

图4-3　土壤pH传感器实物图

传感器及其节点安装步骤参见项目2任务1。

（4）导线安装

电源：棕色接DC 12V、黑色接GND；通信线：黄色接DATA1、蓝色接DATA2。

1）使用剥线钳将一体式的4根线上的绝缘胶去掉，如图4-4所示。

2）使用一字螺钉旋具将剥好的线接在传感器节点的端子上，如图4-5所示。

（5）数据上传

连接平板计算机，步骤详见项目2任务1，数据上传如图4-6所示。

 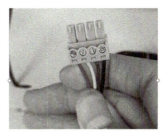 

图4-4　绝缘线剥线　　　　　图4-5　接线端子　　　　　图4-6　数据上传

（6）注意事项

1）测量时探针必须全部插入土壤里，野外使用注意防雷击。

2）勿暴力折弯探针，勿用力拉拽传感器引出线，勿摔打或猛烈撞击传感器。

3）传感器防护等级为IP68，可以将传感器整个泡在水中。

4）由于在空气中存在射频电磁辐射，不宜长时间在空气中处于通电状态。

5）传感器节点的数据线DATA1、DATA2线请勿接反。

6）传感器节点电源线请勿接反。

7）传感器节点不要使用超过DC 12V电源进行供电。

8）设备数量过多或布线太长，应就近供电，增加485增强器，同时增加120Ω终端电阻。

9）设备安装尽量以对角方式进行螺钉紧固。

10）布线保持横平竖直，设备布局保持上下对称，左右对齐。

11）安装设备时必须断电。

步骤二：安装土壤氮磷钾传感器

（1）工具与器材

工具：螺钉旋具1套、斜口钳1个、剥线钳1个。

器材：智慧农业实验台、土壤氮磷钾传感器、传感器节点、M4螺钉+螺母若干、M3螺钉+螺母若干、M2螺钉+螺母若干、M3螺柱若干、线材若干、扎带若干。

（2）传感器参数

1）工作电压：DC 12V。

2）最大功耗：≤0.15W。

3）量程：1～1999mg/kg（mg/L）。

4）精度：2%FS。

5）工作温度：0～55℃。

6）响应时间：≤1s。

7）通信协议：RS485（Modbus协议）。

（3）设备安装

土壤氮磷钾传感器尺寸图及实物图如图4-7和图4-8所示。

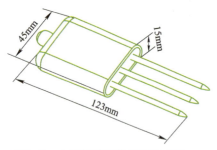

图4-7 土壤氮磷钾传感器尺寸图

图4-8 土壤氮磷钾传感器实物图

传感器及其节点安装步骤参见项目2任务1。

（4）导线安装

电源：棕色接DC 12V、黑色接GND；通信线：黄色接DATA1、蓝色接DATA2。

1）使用剥线钳将一体式的4根线上的绝缘胶去掉，如图4-9所示。

2）使用一字螺钉旋具将剥好的线接在传感器节点的端子上，如图4-10所示。

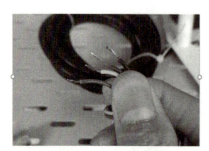

图4-9 绝缘线剥线

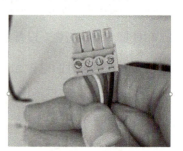

图4-10 接线端子

（5）数据上传

连接平板计算机，步骤详见项目2任务1，数据上传如图4-11所示。

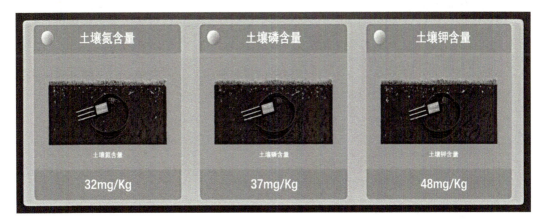

图4-11　数据上传

（6）注意事项

1）测量时钢针必须全部插入土壤里。

2）避免强烈阳光直接照射到传感器上而导致温度过高，野外使用注意防雷击。

3）勿暴力折弯钢针，勿用力拉拽传感器引出线，勿摔打或猛烈撞击传感器。

4）传感器防护等级为IP68，可以将传感器整个泡在水中。

5）由于在空气中存在射频电磁辐射，不宜长时间在空气中处于通电状态。

6）传感器节点的数据线DATA1、DATA2线请勿接反。

7）传感器节点电源线请勿接反。

8）传感器节点不要使用超过DC 12V电源进行供电。

9）设备数量过多或布线太长，应就近供电，增加485增强器，同时增加120Ω终端电阻。

10）设备安装尽量以对角方式进行螺钉紧固。

11）布线保持横平竖直，设备布局保持上下对称，左右对齐。

12）安装设备时必须断电。

步骤三：安装投入式液位传感器

（1）工具与器材

工具：螺钉旋具1套、斜口钳1个、剥线钳1个。

器材：智慧农业实验台、投入式液位传感器、传感器节点、M4螺钉+螺母若干、M3螺钉+螺母若干、M2螺钉+螺母若干、M3螺柱若干、线材若干、扎带若干。

（2）传感器参数

1）工作电压：DC 12V。

2）工作温度：-20～80℃。

3）温度漂移：0.03%FS/℃。

4）介质温度：-10～50℃。

5）测量范围：0～300m。

6）测量介质：对不锈钢无腐蚀的油、水等。

7）过载能力：<1.5倍量程。

8）通信协议：RS485（Modbus协议）。

（3）设备安装

投入式液位传感器尺寸图及实物图如图4-12和图4-13所示。

传感器及其节点安装参见项目2任务1。

（4）导线安装

电源：红色接DC 12V、蓝色接GND；通信线：黄色接DATA1、黑（白）色接DATA2。

1）使用剥线钳将一体式的4根线上的绝缘胶去掉，如图4-14所示。

2）使用一字螺钉旋具将剥好的线接在传感器节点的端子上，如图4-15所示。

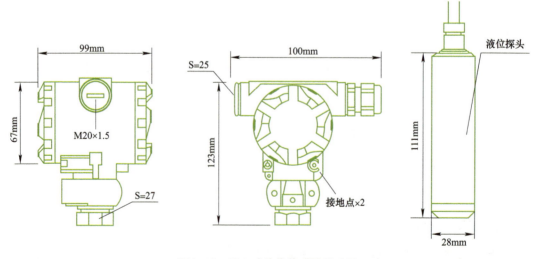

图4-12　投入式液位传感器尺寸图

图4-13　投入式液位传感器实物图

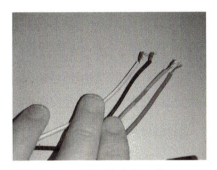

图4-14　绝缘线剥线

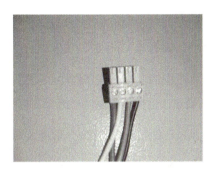

图4-15　接线端子

（5）数据上传

连接平板计算机，步骤详见项目2任务1，如图4-16所示。

（6）注意事项

1）传感器节点的数据线DATA1、DATA2线请勿接反。

2）传感器节点电源线请勿接反。

3）传感器节点不要使用超过DC 12V电源进行供电。

4）设备数量过多或布线太长，应就近供电，增加485增强器，同时增加120Ω终端电阻。

5）设备安装尽量以对角方式进行螺钉紧固。

图4-16　数据上传

6）布线保持横平竖直，设备布局保持上下对称，左右对齐。

7）安装设备时必须断电。

步骤四：安装直流水泵

（1）工具与器材

工具：螺钉旋具1套、斜口钳1个、剥线钳1个。

器材：智慧农业实验台、喷雾静音电动机、传感器节点、可调雾化喷头、水泵进水口过滤网、9/12mm PVC软管、连通接头、M4螺钉+螺母若干、M3螺钉+螺母若干、M2螺钉+螺母若干、M3螺柱若干、线材若干、扎带若干。

（2）功能特点

1）电动机的定子和电路板部分采用环氧树脂灌封并与转子完全隔离，解决了电动机式直流水泵长期潜水产生的漏水问题，可以水下安装而且完全防水。

2）同一电压可以做出很多种参数，如24V水泵可以做成扬程2m，也可以做成扬程7m。水泵可以宽电压运行，如24V的水泵可以在电压24V以下运行。

3）水泵的轴心采用高性能陶瓷轴，精度高，抗震性好，由于水泵采用陶瓷轴套与陶瓷轴的精密配合，噪音低于35dB，功率小一点的甚至可以达到30dB以下，几乎达到静音效果。

4）水泵中的三相无霍尔程序驱动直流水泵可以实现PWM调速，模拟信号输入调速，电位器手动调速，这样就可以调节流量及扬程。三相直流水泵具有卡死保护、反接保护。

5）水泵已根据需求配置4分管螺纹或6分管螺纹，满足特殊的需求。

6）多功能设计，可以潜水使用也可以放在外面（安装位置低于液面）。

（3）直流水泵参数

1）工作电压：DC 12V。

2）最大功能：60W。

3）开口流量：5L/min。

4）吸程：1.5m。

5）扬程：50m。

6）射程：7m。

7）通信协议：RS485（Modbus协议）。

（4）设备安装

直流水泵实物图如图4-17所示。

设备及节点安装步骤参见项目2任务1。

（5）导线安装

电源：红色接DC 12V、绿色接GND。

图4-17　直流水泵实物图

1）使用剥线钳将一体式的2根线上的绝缘胶去掉，如图4-18所示。

2）使用一字螺钉旋具将剥好的线接在传感器节点的端子上，如图4-19所示。

3）将9/12mm PVC软管分别接在进水口和出水口，如图4-20所示。

进水口　　　出水口

图4-18　绝缘线剥线　　　图4-19　接线端子　　　图4-20　直流水泵进出水口示意图

（6）数据上传

连接平板计算机，步骤详见项目2任务1，数据上传如图4-21所示。

（7）注意事项

1）不可以在水中浸泡。

2）压力调整螺钉不可以随意调整。

3）进水口必须干燥过滤装置，否则容易造成水泵堵塞。造成压力降低。

4）传感器节点电源线请勿接反。

5）传感器节点不要使用超过DC 12V电源进行供电。

6）设备数量过多或布线太长，应就近供电，增加485增强器，同时增加120Ω终端电阻。

7）设备安装尽量以对角方式进行螺钉紧固。

8）布线保持横平竖直，设备布局保持上下对称，左右对齐。

9）安装设备时必须断电。

图4-21　数据上传

知识补充

1. 什么是LoRa

LoRa（Long Range Radio，远距离无线电）是一种基于扩频技术的远距离无线传输技术，是LPWAN（低功耗广域网）通信技术中的一种，是Semtech公司创建的低功耗局域网无线标准。这一方案改变了以往关于传输距离与功耗的折衷考虑方式，为用户提供了一种简单的能实现远距离、低功耗、大容量的无线通信系统，进而扩展传感网络。它最大特点就是在同样的功耗条件下比其他无线方式传播的距离更远，实现了低功耗和远距离的统一，它在同样的功耗下比传统的无线射频通信距离扩大3~5倍。

2．LoRa的特性

1）传输距离：城镇可达2~5km，郊区可达15km。

2）工作频率：ISM频段包括433MHz、868MHz、915MHz等。

3）标准：IEEE 802.15.4g。

4）调制方式：基于扩频技术，是线性调制扩频（CSS）的一个变种，具有前向纠错（FEC）能力，是Semtech公司私有专利技术。

5）容量：一个LoRa网关可以连接成千上万个LoRa节点。

6）电池寿命：长达10年。

7）安全：AES128加密。

8）传输速率：几百到几十kbit/s，速率越低传输距离越长。

3．LoRa组网

LoRa网络主要由终端（内置LoRa模块）、网关（或称基站）、网络服务器以及应用服务器组成，应用数据可双向传输，如图4-22所示。

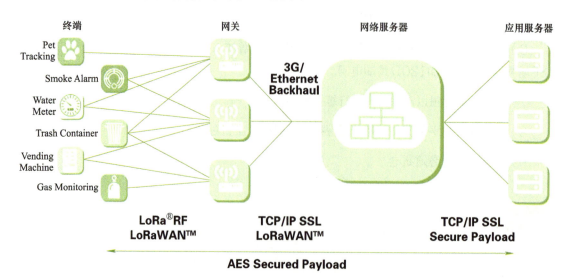

图4-22　LoRaWAN网络架构

LoRaWAN网络架构是一个典型的星形拓扑结构，在这个网络架构中，LoRa网关是一个透明传输的中继，连接终端设备和后端中心网络服务器。终端设备采用单跳与一个或多个网关通信，所有的节点与网关间均是双向通信。

LoRa的终端节点可能是各种设备，如水表气表、烟雾报警器、宠物跟踪器等。这些节点通过LoRa无线通信首先与LoRa网关连接，再通过3G/4G网络或者以太网络连接到网络服务器中。

LoRa网络将终端设备划分成A、B、C三类：

1）Class A：双向通信终端设备。这一类的终端设备允许双向通信，每一个终端设备上行传输会伴随着两个下行接收窗口。终端设备的传输时隙是基于其自身通信需求，其微调基于ALOHA协议。

2）Class B：具有预设接收时隙的双向通信终端设备。这一类的终端设备会在预设时间中开放多余的接收窗口，为了达到这一目的，终端设备会同步从网关接收一个Beacon，通过Beacon将基站与模块的时间进行同步。

3）Class C：具有最大接收窗口的双向通信终端设备。这一类的终端设备持续开放接收窗口，只在传输时关闭。

企业接入网关，通过USB或SPI等接口与内嵌的LoRa模块（内置LoRaWAN协议）通信，实现对LoRa的支持。LoRa模块通过USB连接企业网关时，LoRa模块（或USB接口）被虚拟化为SPI设备，企业网关系统通过调用libMPSSEI库实现与LoRa模块通信。

4．LoRa升级，可支持卫星通信

2021下半年，英国太空初创公司SpaceLacuna首次使用荷兰Dwingeloo的射电望远镜从月球上反射回LoRa信息。从数据捕获的质量来看，这绝对是一次令人印象深刻的实验，因为其中一条消息甚至包含完整的LoRaWAN帧，包含调制的呼号"PI9CAM"。接收到的消息频谱图和接收信号的延迟多普勒图如图4-23和图4-24所示。

图4-23　接收到的消息频谱图

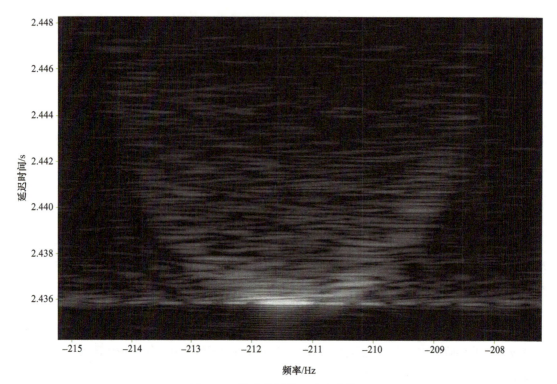

图4-24 接收信号的延迟多普勒图

使用一组低地球轨道卫星从与Semtech的LoRa设备和地面无线射频技术集成的传感器接收信息。卫星在距地面500km处每100min在地球两极上空盘旋一次，随着地球自转，卫星覆盖全球。LoRaWAN由卫星使用，可以节省电池电量，消息会在短时间内存储，直到它们通过地面站网络。然后将数据中继到地面网络上的应用程序，或者在基于Web的应用程序上查看。

当发出的LoRa信号持续了2.44s后被同一芯片接收，其传播距离大约为730 360km，截至目前，这或许是LoRa消息传输的最远距离。

低功耗远距离物联网技术具备多重优势：

1）可接入十倍于LoRa网络的终端容量。

2）传输距离更远，可达600~1600km。

3）抗干扰性更强。

4）实现了更低的成本，包括管理和部署成本（不需要额外开发硬件，自身具备卫星通信能力）。

思考练习

阐述智慧农业灌溉系统的组成。

任务2 调试智慧农业灌溉系统

任务描述

在完成传感器节点和灌溉设备的安装后进行调试，完成智慧农业灌溉系统集成。

任务分析

传感器主要有土壤pH传感器、土壤氮磷钾传感器和投入式液位传感器，灌溉设备采用直流吸水泵。完成对上述传感器及灌溉设备的调试。

任务实施

传感器配置

SH-Config支持直接配置传感器，将SmartNE传感器接口挂载485传感器，使用SH-Config即可配置。

下面以二氧化碳传感器为例，演示配置485通信传感器。

1．开启传感器调试

在SH-Config的节点配置控件"传感器设置"中，设置"传感器调试开关"为"开"，打开传感器调试，如图4-25所示。

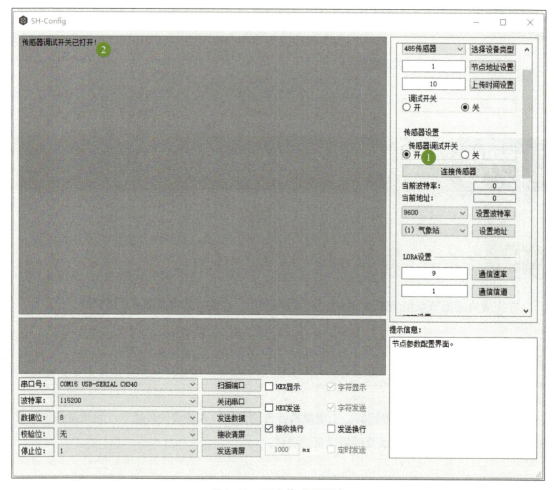

图4-25　开启传感器调试

2．查询当前传感器配置信息

当不知道传感器当前的配置信息（通信波特率、设备地址）时，可以通过SH-Config查询配置信息。

注意：485传感器需要先做好配线，并将二氧化碳传感器挂载到SmartNE的传感器接口。

单击"连接传感器"按钮，SmartNE会自动查询传感器的参数信息，并将查询结果返回，如图4-26所示。

返回的信息中就包含传感器的通信波特率和通信设备地址，如图4-27所示。

SH-Config会显示当前传感器的波特率和设备地址，如图4-28所示。

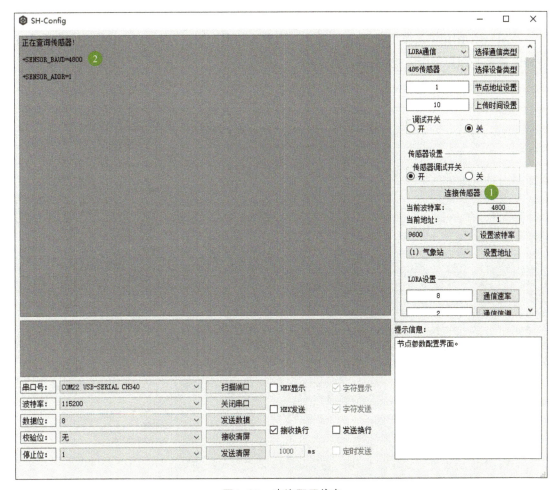

图4-26　查询配置信息

图4-27　返回信息

图4-28　当前波特率和设备地址

3．配置波特率

新拆封的485传感器波特率为4800，不能直接被节点识别，需要修改波特率。

SmartNE用作485采集节点时，485接口波特率为9600，需要将485传感器的通信波特率额设置为9600。

在SH-Config输入波特率9600，单击"设置波特率"按钮，SmartNE会将传感器通信波特设置为9600，如图4-29所示。

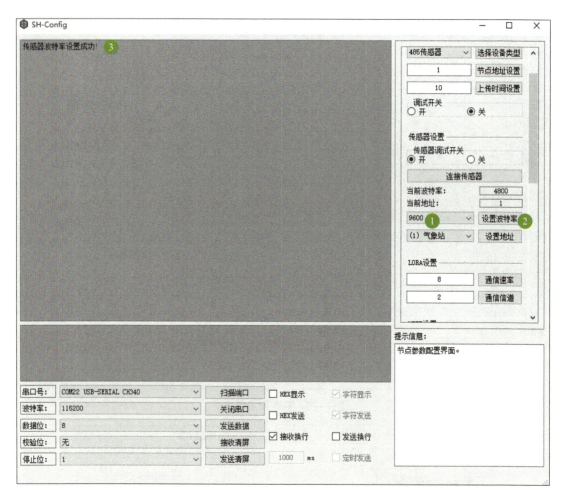

图4-29　设置波特率

4. 配置设备地址

SmartNE通过485传感器的设备地址，识别具体挂载的传感器类型。在SmartNE系统中，预先对每一种485传感器指定了固定的设备地址，用户需要将设备地址与传感器类型定义。

本例使用的二氧化碳传感器，设备地址为17，其他传感器设备地址可在SH-Config中查看。

在SH-Config中选择"（17）二氧化碳"，单击"设置地址"按钮，SmartNE会将传感器设备地址设置为17，即二氧化碳，如图4-30所示。

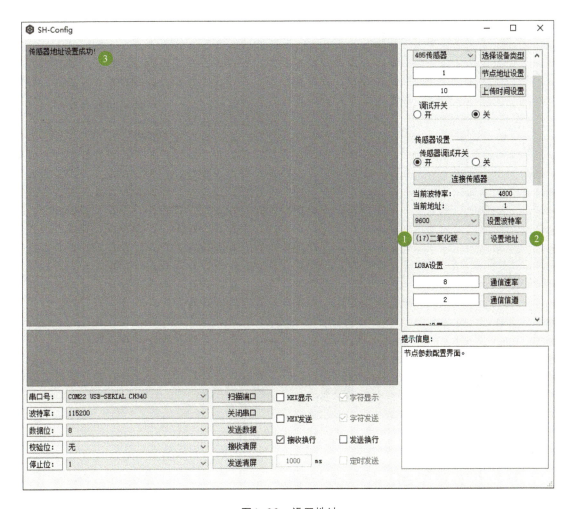

图4-30　设置地址

5. 检查设置

设置好传感器波特率和设备地址后，需要检查配置信息是否正确。单击"连接传感器"按钮，SmartNE会自动查询传感器的参数信息，并将查询结果返回，如图4-31所示。

如果查询结果波特率为9600，设备地址为17，即代表二氧化碳传感器配置成功，如图4-32所示。

485传感器的配置不需要手动保存，传感器会自动保存。

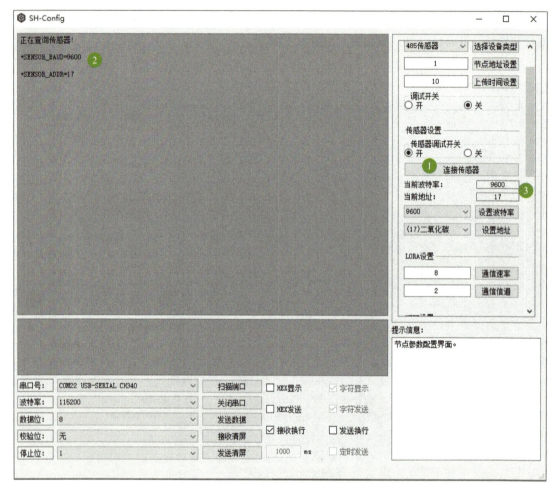

图4-31　查询传感器

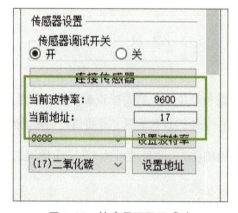

图4-32　检查是否配置成功

国内外高效节水灌溉技术

1. 微灌灌溉技术

此种技术所囊括的灌溉方式多种多样，例如，滴灌、微喷雾、脉冲灌溉以及涌泉灌溉等。在现阶段的农田水利工程中，微灌灌溉技术的工作基础是设备工作压力时，主要由常压微灌和重力微灌等两种形式构成；而当工作基础为设备铺设方式时，则主要由地上微灌和地下微灌两种形式组成。所谓的微灌灌溉技术，主要就是对灌溉控制系统、水源输送管道以及过滤体系进行全方位综合利用，其具有水源控制性优良的突出特点。与此同时，其工作原理主要是在滴水头、分水器、稳定器、喷水带以及滴灌水带的共同作用下，将溶解在水中的肥料和营养物质以较小的流量、精确的速度滴到农作物根部附近的土壤中，从而确保农作物的健康生长。

2. 喷灌灌溉技术

所谓的喷灌，就是喷洒灌溉，主要是利用专门的设备来灌溉农作物，包括动力设备、加压设备以及管道等。喷灌技术在管道之中可以通过地形高差利用压力对水资源开展输送工作，接着使用喷嘴喷洒水源，从而对农作物进行全方位的均匀喷洒，为农作物提供更为充足的水分。在当前的农田水利工程中，喷灌技术已经得到非常普遍的利用。当前喷灌技术主要可以分为固定式喷灌、移动式喷灌和半固定式喷灌三种形式。其中固定除了喷头外的其他部位称为固定式喷灌；未固定喷头及支管而固定其余部位的称为半固定式喷灌；所有部位都可以移动的称为移动式喷灌。

3. 灌溉渠道防渗技术

此种技术可以在一定程度上降低渠道的透水性，从而高效防止水资源浪费问题的出现。在当前的农业行业中，我国灌溉农作物使用的主要手段就是渠道，以往的土渠输水存在非常严重的渗漏问题，其浪费的水资源大概是引水总量的五成到六成，因此灌溉渠道防渗技术对于节约水资源而言有着非常关键的作用。目前建造渠道防渗层所利用的材料主要有水泥土、混凝土以及沥青混凝土等，其渠道断面主要是U型断面。由于此种灌溉渠道防渗技术具有输送速度快、维修便捷、成本投入较低、地下水位可控制、防止次生盐碱化等突出优点，其被广泛地应用在农田水利工程中。

4. 步行式灌溉技术

步行式灌溉技术的主要特点就是将电力和农业机械融入节水灌溉技术之中。此种方式不仅提升了灌溉的移动性能，还可以和配套的灌溉设施结合使用。总的来说，此项全新的灌溉技术是将机械化技术和节水技术的优点全方位地融合起来。其所利用的配套设施不会过于繁杂，还具有移动性能优良、适应能力强以及可拆卸的优点，这在一定程度上使得其可以对不同地形下的农作物开展灌溉工作。综合而言，此项灌溉技术不仅具有高水准的性价比，还具有非常明显的灌溉成效。

5. 雨水集蓄与利用

雨水可以在一定程度上弥补灌溉用水的消耗。随着科学技术的不断发展，雨水集蓄技术也在一定程度上获得了前所未有的提升。利用科学的手段来存储雨水，然后通过管道将其输送到缺水的农田，这样一来，不仅确保了农作物可以正常生长，还避免了土壤侵蚀问题的出现。此项技术尤其适用于干旱缺水地区，不但可以为人畜提供饮用水，还解决了农作物缺水的严重问题。

1. 作为农业灌溉工程方案设计方，应该收集哪些信息？

2. 智慧农业灌溉工程中，有哪些节水措施是适应我国国情的？

任务3　应用智慧农业灌溉系统云平台

在物联网云平台上创建一个智慧农业灌溉系统项目，启动智慧农业灌溉系统接入，通过云平台实现智慧农业灌溉系统的监测与控制。

任务分析

云平台的实现包括项目创建、设备添加和系统调试等部分。首先在物联网平台创建项目，添加智慧农业灌溉系统的相关设备和基础参数。然后对设备进行网络通信参数配置并进行系统调试连接，最后进行系统的综合测试。

1. 新建项目

登录云平台https://iot.aliyun.com，单击"控制台"→"相关服务"→"物联网应用开发"→"项目管理"，在"自建项目"下单击"新建项目"按钮，在"新建项目"页面单击"新建空白项目"，在弹出的"新建空白项目"对话框中，可填写"项目名称"和"描述"。在本任务中，设置"项目名称"为"智慧农业灌溉系统"，如图4-33所示。

图4-33　新建项目

2. 创建产品

在"智慧农业灌溉系统"项目详情页面，单击"产品"→"创建产品"，如图4-34所示。

图4-34　创建产品

在"创建产品"界面，需要对"产品名称""所属品类""节点类型""连网方式"和"数据格式"进行设置。这里创建"土壤pH传感器"，按图4-35进行设置。

图4-35 产品参数设置

单击"土壤pH传感器"右侧的"查看"，如图4-36所示。

图4-36 查看土壤pH传感器

单击"功能定义"→"编辑草稿"，在界面中单击"编辑草稿"按钮，如图4-37所示。

图4-37　土壤pH传感器功能定义

在"编辑草稿"页面，按图4-38所示添加自定义功能。

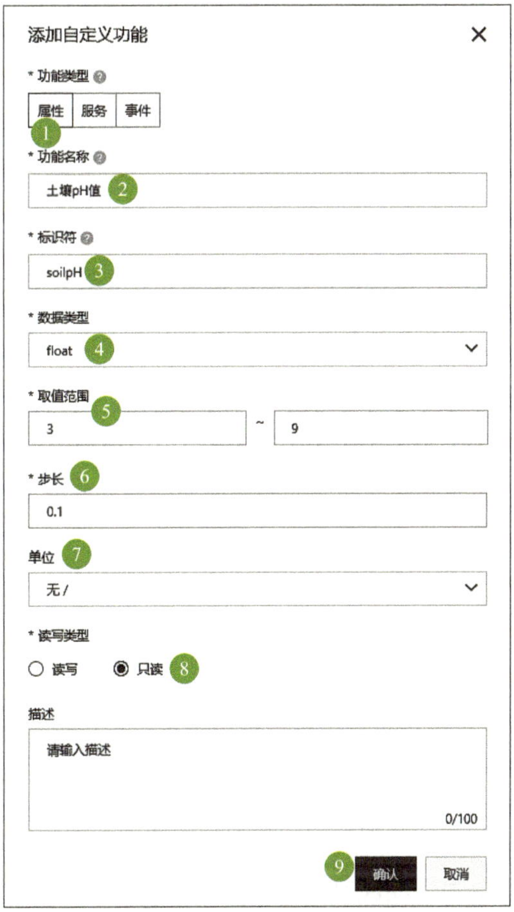

图4-38　添加自定义功能

单击"确定"按钮后，单击页面左下角的"发布上线"，后续可进行在线调试。

3. 添加设备

在"智慧农业灌溉系统"项目详情页面，单击"设备"→"添加设备"，如图4-39所示。

图4-39　添加设备

在"添加设备"对话框中选中产品，设置设备名称和备注名称，如图4-40所示。

图4-40　设置设备参数

打开"设备"界面，单击"在线调试"下的"调试虚拟设备"，选择"属性上报"，输入上报数据值，单击左下角"推送"按钮，如图4-41所示。

图4-41　在线调试

按上述过程，添加"土壤氮磷钾传感器""液位传感器"和"直流水泵"，添加后效果如图4-42所示。

图4-42　设备列表

4. 项目开发

打开"项目开发"界面，单击"Web应用"→"新建"，完成界面设计。界面设计完成后，单击右上角的"发布"图标，如图4-43～图4-45所示。

图4-43　新建Web应用

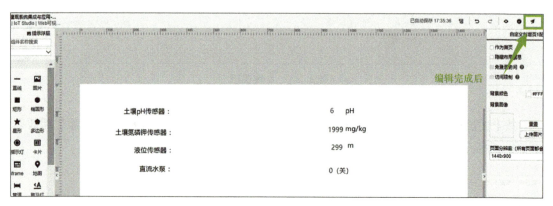

图4-44　界面设计

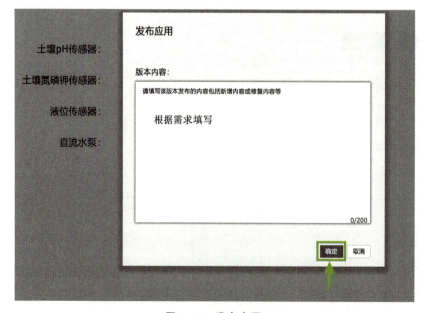

图4-45　发布应用

应用发布成功后，会生成链接，若要分享，需要绑定域名，如图4-46所示。

使用链接访问应用页面，如图4-47所示。

图4-46　生成应用链接

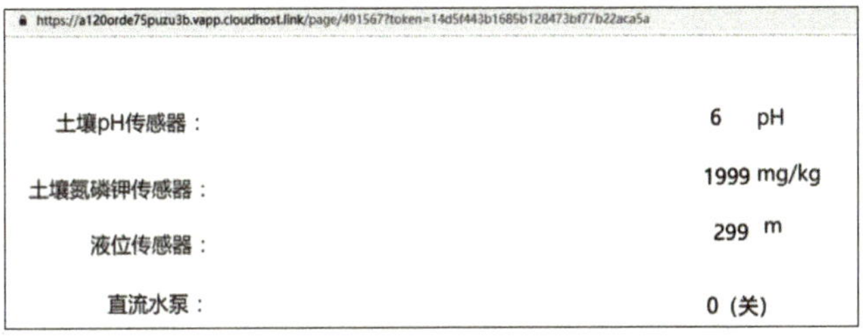

图4-47　应用页面

在"在线调试"中更新数据并推送，如图4-48和图4-49所示。

图4-48　在"在线调试"中更新数据

查看应用页面，土壤pH值已经更新。

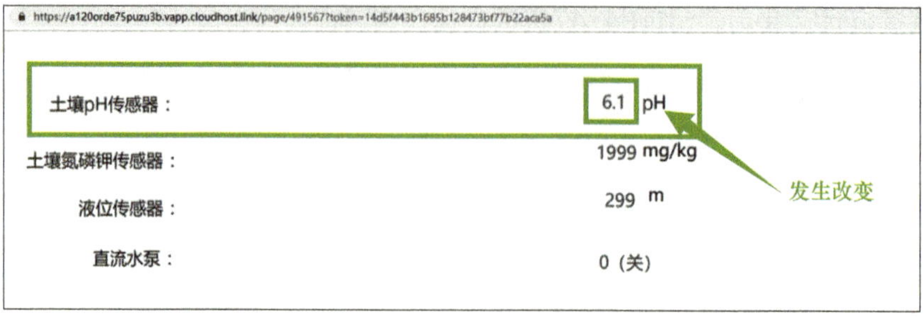

图4-49　应用页面数据更新

知识补充

国内主要物联网平台

1. 中国移动OneNET平台

OneNET是中国移动向客户提供的物联网开放平台，平台位于整体网络架构的PaaS层，为终端层提供设备接入、为SaaS层提供应用开发能力，如图4-50所示。

图4-50　OneNET平台网络架构

OneNET平台向客户提供以下功能：

1）海量连接：提供分布式的集群机制，以支持电信级的海量设备的大并发量接入。

2）在线监控：提供设备的监控管理、在线调试、实时控制等功能。

3）数据存储：平台采用分布式结构，提供完备的数据接口和多重保障机制。

4）消息分发：平台支持将采集的数据通过各种方式（消息路由、短/彩信推送、App信息推送等）快速告知客户的业务平台、手机App客户端等。

5）事件告警：提供事件触发引擎，允许用户自定义事件触发条件，帮助客户实现业务逻辑的编排。

6）能力输出：汇聚了短/彩信服务、位置服务、视频服务、公有云等核心能力，提供API接口。除以上平台功能外，OneNET还为物联网应用开发提供各种产品应用开发套件，如MQTT套件、NB-IoT套件。通过OneNET，客户可以缩短物联网应用的开发周期，减少开发成本，促进传统企业应用创新升级。

目前，中国移动的OneNET免费向客户提供服务，主要是通过OneNET平台吸引客户使用中国移动的物联网卡。为形成健康的物联网生态圈，中国移动还成立了中国移动物联网联盟，凡是加入联盟的产业链伙伴，将得到中国移动全方位资源的支持，包括开放平台OneNET、公众物联网、内置eSIM的物联网通信芯片及消费级、工业级、车规级通信模组等。

2．阿里云Link物联网平台

Link物联网平台（见图4-51）是阿里云系列产品和服务的一部分，是阿里云面向物联网领域开发人员推出的设备管理平台，旨在帮助开发者搭建数据通道，方便终端（如传感器、执行器、嵌入式设备、智能家电等）和云端进行双向通信。

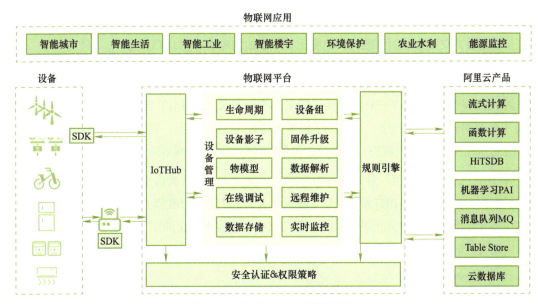

图4-51　阿里云Link物联网平台

Link物联网平台主要向客户提供以下功能：

1）设备接入：提供2/3/4G、NB-IoT、LoRa等不同网络设备接入方案。提供MQTT、CoAP等多种协议的设备端，让设备轻松接入阿里云。

2）设备通信：设备可以使用物联网平台，通过IoTHub与云端进行双向通信。

3）设备管理：提供完整的设备生命周期管理功能，包括设备注册、功能定义、脚本解析、在线调试、OTA远程升级等。

4）安全能力：提供多重防护保障设备云端安全，包括设备秘钥安全认证、秘钥芯片级存储、TLS/DTLS加密传输、设备权限管理等。

5）规则引擎解析转发数据：通过配置规则引擎将物联网平台与阿里云的产品无缝打通。可以配置简单规则，将设备数据转发至云产品中，进而获得存储、计算等其他服务。使用阿里云Link物联网平台的客户通过平台Portal即可完成在线注册、实名认证、业务开通、充值缴费、发票获取等全流程操作，平台功能的获取和使用非常方便。同时，通过配置规则引擎，客户可以实现物联网平台能力与阿里云其他产品的无缝融合。

Link物联网平台采用收费模式，平台费用包括设备接入费用和设备管理费用。其中设备接入费用是根据平台列出的需要收费的平台接口和消息，按照消息数进行收费。每月前100万条消息免费，超出100万则按照使用量进行计费。

3. 亚马逊云服务

亚马逊云服务是全球市场份额最大的云计算厂商之一，由光环新网和西云数据运营，可以在我国监管环境下运营公有云。

2020年10月，亚马逊云服务（AWS）宣布Amazon Timestream正式可用。该款数据每天可处理数万亿规模的时序事件，速度比关系型数据库快多达1000倍。

4. 微软Azure IoT

Azure是微软提供的一个综合性云服务平台，开发人员和IT专业人士可使用该平台来生成、部署和管理应用程序。其中IoT套件架构在Azure之上，是基于Azure平台即服务（PaaS）的企业级预配置解决方案集合，可帮助客户加速物联网解决方案的开发。

Azure IoT套件提供一系列支持快速部署、快速入门、按需自定义的预配置解决方案。预配置解决方案是可以使用订阅部署到Azure的常见IoT解决方案模式的开源实现。每个预配置解决方案都通过将自定义代码和Azure服务相结合来实现特定的IoT方案，可以根据特定的要求自定义任何方案。

这些方案包括：

1）在功能丰富的仪表板上实现数据的可视化，以获取深度见解和解决方案状态。

2）通过实时IoT设备遥测配置规则和警报。

3）计划设备管理作业，例如软件和配置的更新。

4）预配自己的自定义物理或模拟设备。

5）在IoT设备组内排查和修复问题。

目前，微软主要提供两个预配置解决方案：

1）远程监控。

2）预测性维护每个预配置解决方案映射到了特定的IoT功能。

5. 机智云平台

机智云平台（见图4-52）是机智云物联网公司经过多年行业内的耕耘及对物联网行业的深刻理解，而推出的面向个人、企业开发者的一站式智能硬件开发及云服务平台。机智云平台为开发者提供了自助式智能硬件开发工具与开放的云端服务，通过"傻瓜化"的自助工具、完善的SDK与API服务能力最大限度降低物联网硬件开发的技术门槛，降低开发者的研发成本，提升开发者的产品投产速度，帮助开发者进行硬件智能化升级，更好地连接、服务最终消费者。

图4-52　机智云平台

平台提供了从定义产品、设备端开发调试、应用开发、产测、云端开发、运营管理、数据服务等覆盖智能硬件接入到运营管理全生命周期服务的能力。除平台功能外，机智云还配套提供了各种辅助开发工具，保证用户应用的快速开发，包括GAgent通信模组、IoT SDK、GoKit智能设备开发套件等。

利用以上能力，物联网终端的开发者可在入网模组上直接运行GAgent，使模组接入机智云平台，实现数据的上传和接收，开发者无需关心模组与机智云间的传输协议。也可以利用SDK开发手机端App，实现与云端的通信。

为已创建设备的产品添加物模型，将物模型发布上线后，在设备中查看物模型数据，检查物模型是否成功发布上线。

考核技能点及评分方法

集成和应用智慧农业灌溉系统考核技能点及评分方法见表4-1。

表4-1　集成和应用智慧农业灌溉系统考核技能点及评分方法

序号	工作任务	考核技能点	评分方法	分值	分数
1	安装智慧农业灌溉系统	能够识别智慧农业灌溉系统相关设备	能够识别传感器、控制器、连接器、执行器、网关等系统设备	5	
2		能够根据项目需求，对智慧农业灌溉系统设备选型配置	传感器选型；执行机构选型；网络设备选型	5	
3		根据设计方案，按照施工规范，进行温室自动控制系统综合布线	线缆布置美观、安装工艺规范；线缆标志清晰	10	
4		能正确安装智慧农业灌溉系统设备	传感器、执行机构布局位置合理；安装过程操作规范；安装工具使用规范	20	
5		能正确安装智慧农业灌溉系统网络设备	根据设计方案，安装智慧农业灌溉系统网络网关、网络节点、网络线路	10	
6	调试智慧农业灌溉系统	能够根据项目需求，对智慧农业灌溉系统传感器正确配置调试	土壤pH传感器组网配置；土壤氮磷钾传感器组网配置；投入式液位传感器组网配置；灌溉设备节点组网配置；组网联调数据链路畅通	10	
7		能够根据项目需求，对智慧农业灌溉系统执行机构正确配置调试	执行机构继电器控制模块组网配置；组网联调数据链路畅通	10	
8		根据设计方案，按照组网通信图，连接调试网络系统，设置网关参数	根据项目需求，对组网系统网关参数进行设置，实现数据链路畅通	10	
9	应用智慧农业灌溉系统云平台	在"智慧农业灌溉系统"总创建产品获取对应传感器的数值	在云平台上获取智慧农业灌溉系统对应传感器的数值	10	
10		在云平台上实现Web界面可视化	在云平台上获搭建Web界面可视化	10	
总　　分				100	

参 考 文 献

[1]　李道亮．农业4.0即将来临的智能农业时代[M]．北京：机械工业出版社，2021.

[2]　李道亮．无人农场 未来农业新模式[M]．北京：机械工业出版社，2021.

[3]　赵小强．面向农业领域的物联网监测与控制技术[M]．北京：科学出版社，2019.

[4]　何勇，聂鹏程，刘飞．农业物联网技术及其应用[M]．北京：科学出版社，2016.

[5]　郑勇，孙启玉，邢建平．农业物联网系统工程[M]．北京：化学工业出版社，2020.

[6]　杨丹．智慧农业实践[M]．北京：人民邮电出版社，2019.

[7]　李汉棠，吴志霖，李玉萍，等．热带农业物联网技术实践与发展[M]．北京：中国农业科学技术出版社，2018.

[8]　谢能付，曾庆田，马炳先．智能农业—— 智能时代的农业生产方式变革[M]．北京：中国铁道出版社，2020.

[9]　杨其长．植物工厂[M]．北京：清华大学出版社．2019.